www.kyohak.co.kr

Ok! Click 시리즈 ㊱

한글 2020으로 문서 꾸미기

ok click

이승하 지음

본 교재는 컴퓨터를 쉽고 재밌게,
쉬운 예문과 큰 글자체, 큰 화면 그림으로
누구나 부담없이 교재를 배울 수 있도록
만들었습니다.

(주)교학사

COPYRIGHT

Ok Click 한글 2020로 문서 꾸미기

2022년 4월 30일 초판 1쇄 발행
2024년 1월 10일 초판 2쇄 인쇄
2024년 1월 20일 초판 2쇄 발행

저 자 ┃이승하
기 획 ┃정보산업부
디자인 ┃정보산업부
펴낸이 ┃양진오
펴낸곳 ┃(주)교학사
주 소 ┃(공장)서울특별시 금천구 가산디지털1로 42 (가산동)
       (사무소)서울특별시 마포구 마포대로14길 4 (공덕동)
전 화 ┃02-707-5312(문의), 02-707-5147(영업)
등 록 ┃1962년 6월 26일 〈18-7〉
홈페이지 ┃http://www.kyohak.co.kr

Ok! Click 시리즈는 컴퓨터의 OA 기반을 다질 수 있도록 야심차게 준비한 교재입니다.

인터넷이 일반화되고 컴퓨터가 기본이 되어 버린 현실에서 컴퓨터를 보다 쉽고 재미있게 배울 수 있도록 어렵지 않은 예문과 큰 글자체, 큰 화면 그림으로 여러 독자층이 누구나 부담없이 책을 펼쳐 배울 수 있도록 만들었습니다.

내용면에서는 초보자가 컴퓨터를 이해하고, 쉽게 활용할 수 있도록 쉬운 예제와 타이핑이 빠르지 않은 독자를 위해 많은 분량의 타이핑 예문은 배제하였습니다.

편집면에서는 깔끔하고 시원스러운 편집으로 눈에 부담을 줄이도록 구성하였습니다.

교재는 다음과 같이 구성되었습니다.

1 | [배울 내용 미리보기]를 통해 학습할 내용이 무엇인지 이해시키고 학습 동기를 유발하도록 구성하였습니다.

2 | 교재 전체 구성은 전체 23강으로 구성하고 한 강안에 소제목을 두어 수업의 지루함을 없애고, 단계별로 수업 및 공부할 수 있도록 구성하였습니다.

3 | [참고하세요]를 이용하여 교재의 따라하기 설명이외에 보충 설명하여 고급 기능 및 유사 기능을 학습할 수 있도록 구성하였습니다.

4 | [혼자 풀어 보세요]는 한 강을 학습한 후 혼자 예제를 풀어보면서 학습 내용을 얼마나 이해했는지 알아볼 수 있도록 구성하였습니다.

5 | [힌트]를 통해 좀 더 쉽게 예문을 풀 수 있도록 구성하였습니다.

6 | [혼자 풀어 보세요]의 예문에 대한 문의는 교학사 홈페이지(www.kyohak.co.kr)의 게시판에 남겨주시면 답변해 드립니다.

이 교재를 사용하는 독자분들이 컴퓨터를 쉽게 접하고 배워 컴퓨터와 친구가 되고 컴퓨터가 생활의 일부가 되어 더 높은 컴퓨터 기술을 습득할수 있는 발판이 되었으면 합니다.

편집진 일동

예제파일 다운로드 방법

1 포털사이트의 주소입력 창에 **"www.kyohak.co.kr"**를 입력한 후 Enter를 누릅니다. 교학사 홈페이지에서 상단 메뉴의 [자료실]을 클릭합니다.

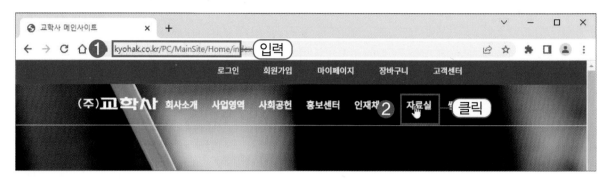

2 [출판] – [단행본] 탭을 클릭하고 검색에 **"한글 2020으로 문서 꾸미기"**를 입력한 다음 [검색]을 클릭합니다.

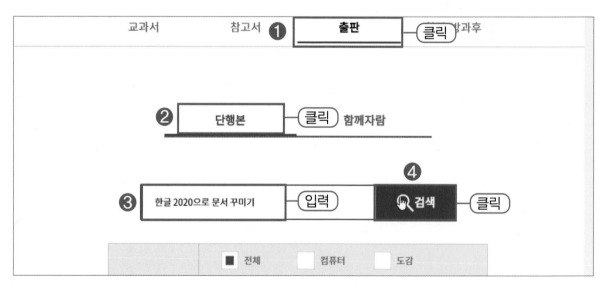

3 홈페이지 하단에 다운로드 본 교재의 예제파일이 검색되면 검색 결과를 클릭합니다.

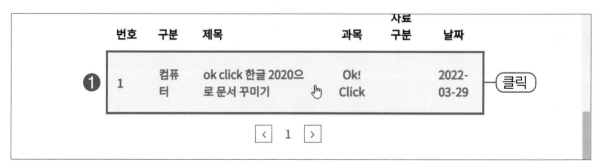

4 [다른 이름으로 저장] 대화상자가 나타나면 저장할 위치를 '바탕 화면'으로 선택한 후 [저장]을 클릭합니다.

오케이 클릭 한글 2020 예제 **1** 다운로드 ─── 클릭

내용

다운로드 받은 후 압축을 풀어 사용하세요

5 바탕 화면에 예제파일이 다운로드되었습니다. 압축 프로그램을 실행하여 다운받은 예제파일의 압축을 풀어줍니다(여기서는 '반디집'이라는 프로그램을 사용하였습니다.).

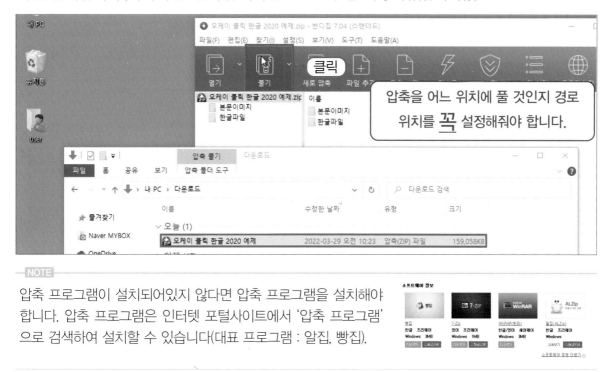

── NOTE ──

압축 프로그램이 설치되어있지 않다면 압축 프로그램을 설치해야 합니다. 압축 프로그램은 인터넷 포털사이트에서 '압축 프로그램'으로 검색하여 설치할 수 있습니다(대표 프로그램 : 알집, 빵집).

6 바탕화면에 예제파일의 압축이 풀렸습니다. 이제 한글 2020을 실행하고 해당 폴더의 파일을 불러와 사용하면 됩니다.

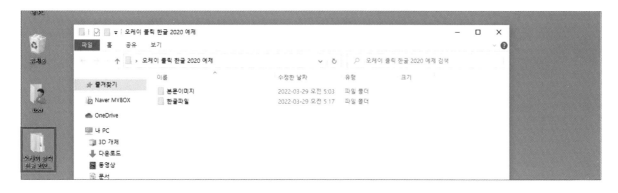

CONTENTS

제 4 강 ● 한컴애셋으로 서식 내려받기   30
    01 한컴애셋으로 한글 서식 내려받기   31
    02 한컴애셋으로 글꼴 내려받기   33
    혼자풀어보세요   35

제 5 강 ● 글자 모양 설정하기   36
    01 글자 모양 변경하기   37
    02 글꼴 꾸미기   39
    03 글자 모양 확장하기   42
    혼자풀어보세요   43

제 6 강 ● 문단 모양 설정하기   44
    01 문단 서식 설정하기   45
    02 문단 첫 글자 장식하기   47
    혼자풀어보세요   48

제 7강 ● 모양 복사하고 스타일 설정하기   50
    01 모양 복사하기   51
    02 스타일 적용하기   53
    혼자풀어보세요   56

제 8 강 ● 문서마당과 인쇄하기   58
    01 문서마당 편집하기   59
    02 문서 미리보고 인쇄하기   61
    혼자풀어보세요   63

제 9 강 ● 그리기마당으로 꾸미기   64
    01 개체 삽입하고 크기 조절하기   65
    02 개체 분리하여 편집하기   68
    혼자풀어보세요   71

제 10강 ● 그림 삽입과 속성 설정하기   72
    01 그림 삽입과 스타일 설정하기   73
    02 그림 속성 설정하기   77
    혼자풀어보세요   79

제 1 강 ● 한글 2020 기본 다지기   8
    01 한글 2020 시작하고 끝내기   9
    02 한글 2020 화면 살펴보기   10
    03 문서 작성하고 저장하기   11
    04 다른 이름으로 저장하기와 암호 설정하기   12
    혼자풀어보세요   16

제 2 강 ● 특수 문자와 한자 변환하기   18
    01 특수 문자 입력하기   19
    02 한자로 변환하기   20
    03 덧말 넣고 글자 겹치기   21
    혼자풀어보세요   23

제 3 강 ● 복사하기와 이동하기   24
    01 복사하고 붙여넣기   25
    02 이동하고 붙여넣기   27
    혼자풀어보세요   29

CONTENTS

제 11 강 ● 포토샵처럼 사진 편집하기　80
　　01 간편 보정으로 쉽게 색상 보정하기　81
　　02 사진의 배경을 투명하게 하기　83
　　03 수평 조절하고 접사처럼 보정하기　85
　　혼자풀어보세요　87

제 12 강 ● 글상자 활용하기　88
　　01 글상자 삽입하기　89
　　혼자풀어보세요　92

제 13 강 ● 도형 삽입하고 속성 변경하기　94
　　01 도형 삽입하고 글자 넣기　95
　　02 여러 도형 삽입하고 속성 변경하기　98
　　혼자풀어보세요　102

제 14 강 ● 글맵시 삽입하기　104
　　01 글맵시 설정하기　105
　　02 글맵시 모양 변경하기　107
　　혼자풀어보세요　108

제 15 강 ● 표로 달력 만들기　110
　　01 표 삽입과 스타일 설정하기　111
　　02 셀 안의 글자 위치 조절하기　113
　　03 셀 테두리 변경하기　115
　　04 셀 안에 배경 삽입하기　116
　　혼자풀어보세요　118

제 16 강 ● 차트로 데이터 비교하기　120
　　01 차트 삽입하고 스타일 변경하기　121
　　02 차트 속성 설정하기　123
　　03 차트 데이터 편집하고 차트 종류 변경하기　125
　　혼자풀어보세요　126

제 17 강 ● 바탕쪽으로 엽서 만들기　128
　　01 쪽 테두리와 배경 설정하기　129

　　02 바탕쪽 설정하기　130
　　03 문단 테두리에 줄 삽입하기　132
　　혼자풀어보세요　133

제 18 강 ● 다단 설정하기　134
　　01 단 설정하기　135
　　02 이미지 삽입하기　136
　　혼자풀어보세요　138

제 19 강 ● 주석 삽입하기　140
　　01 머리말과 꼬리말 삽입하기　141
　　02 각주 삽입하기　143
　　03 쪽 번호 넣기　144
　　혼자풀어보세요　145

제 20 강 ● 책갈피와 하이퍼링크 삽입하기　146
　　01 책갈피 넣기와 이동하기　147
　　02 책갈피에 하이퍼링크 설정하기　149
　　혼자풀어보세요　152

제 21 강 ● 차례 만들기　154
　　01 제목 차례 표시하기　155
　　02 차례 새로 고치기　157
　　혼자풀어보세요　158

제 22 강 ● 메일 머지로 쿠폰 만들기　160
　　01 메일 머지 표시 달기　161
　　02 메일 머지 명단 만들기　164
　　03 메일 머지 만들기　165
　　혼자풀어보세요　167

제 23 강 ● 보안문서 설정하기　168
　　01 배포용 문서 만들기　169
　　02 개인 정보 보호하기　170
　　혼자풀어보세요　172

01 한글 2020 기본 다지기

한글 2020은 예전의 단순한 문서 작성을 떠나서 PC와 모바일, 클라우드를 활용하여 사용자가 효율적으로 작업할 수 있는 맞춤 서비스를 제공합니다. 새로운 기능과 다양한 컨텐츠를 내려받아 문서 작성을 할 수 있습니다.

➤➤ 한글 2020을 시작하고 종료해 봅니다.

➤➤ 한글 2020의 화면을 살펴봅니다.

➤➤ 문서를 작성하고 저장해 봅니다.

➤➤ 파일 이름을 변경하고 암호를 설정해 봅니다.

배울 내용 미리보기 ✛

사람이 태어난 해의 지지를 동물 이름으로 상장하여 이르는 말을 십이간지라고 한다.

십이간지는 모두 12띠 즉, 쥐띠, 소띠, 범띠, 토기띠, 용띠, 뱀띠, 말띠, 양띠, 원숭이띠, 닭띠, 개띠, 돼지띠가 있다. 띠란 "각 사람들의 심장에 숨어 있는 동물"이라고 일컫는다.

▲ 파일명 : 십이간지알아보기.hwp

01 한글 2020 시작하고 끝내기

1 바탕화면에 있는 '한글 2020'을 더블클릭하면 '문서 시작 도우미'가 나타납니다. '새 문서 서식'의 '새 문서'를 더블클릭합니다.

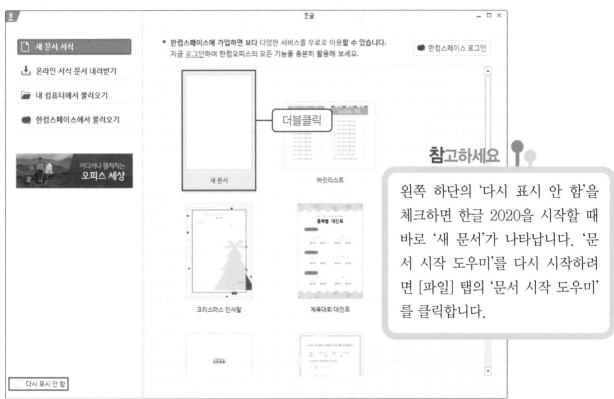

참고하세요

왼쪽 하단의 '다시 표시 안 함'을 체크하면 한글 2020을 시작할 때 바로 '새 문서'가 나타납니다. '문서 시작 도우미'를 다시 시작하려면 [파일] 탭의 '문서 시작 도우미'를 클릭합니다.

2 새 문서가 나타납니다. 한글 2020을 종료하려면 ❶ [파일] 탭의 ❷ '끝'을 클릭합니다. 제목 표시줄의 우측 상단의 끝을 클릭해도 종료할 수 있습니다.

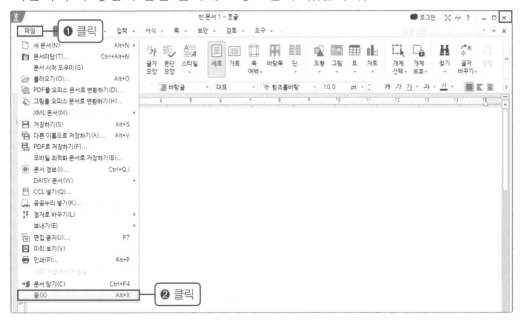

02 한글 2020 화면 살펴보기

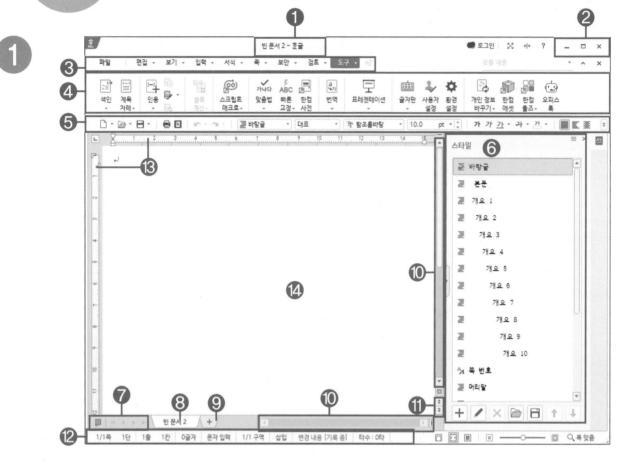

❶ **제목 표시줄** : 현재 작업 중인 문서의 경로와 파일 이름을 표시하며 제어 아이콘과 창 조절 단추가 있습니다.

❷ **창 조절 단추** : 최소화, 아이콘에서 화면 복원, 최대화, 닫기 등의 기능을 합니다.

❸ **메뉴 표시줄** : 모든 기능이 메뉴 방식으로 표시되어 있으며 메뉴의 ▼를 클릭하면 하위 메뉴가 나타납니다.

❹ **기본 도구 상자** : 각 메뉴에서 자주 사용하는 기능을 그룹별로 묶고 [메뉴] 탭을 클릭하면 선택한 기능이 열림 상자 형식으로 나타납니다.

❺ **서식 도구 상자** : 문서를 작성할 때 자주 사용하는 기능을 모아 아이콘으로 묶어 놓은 곳입니다.

❻ **작업 창** : [보기] – [작업 창] – [스타일]에서 설정하며 보이기/감추기 상태를 정하거나 위치를 이동할 수 있습니다. 11개의 작업 창이 제공되며 작업 창을 활용하면 문서 편집 시간을 줄이고 작업 속도를 높여 효율적인 문서 작업을 수행할 수 있습니다.

❼ **탭 이동 아이콘** : 여러 개의 탭이 열려 있을 때 이전 탭/다음 탭으로 이동합니다.

❽ **문서 탭** : 작성 중인 문서와 파일명을 표시하며 저장하지 않은 문서는 빨간색, 자동 저장된 문서는 파란색, 저장 완료된 문서는 검은색으로 표시됩니다.

❾ **새 탭** : 문서에 새 탭을 추가합니다.

❿ **가로/세로 이동 막대** : 문서 내용 화면이 편집 화면보다 크거나 작을 때 화면을 가로/세로로 이동합니다.

⓫ **쪽 이동 아이콘** : 작성 중인 문서가 여러 장일 때 쪽 단위로 이동합니다.

⓬ **상황선** : 커서가 있는 위치의 쪽 수/단 수, 줄 수/칸 수, 구역 수, 삽입/수정 정보를 확인할 수 있습니다. [보기] – [문서 창]에서 선택하여 보이게 하거나 보이지 않게 할 수 있습니다.

⓭ **눈금자** : 가로, 세로 눈금자로 이동과 세밀한 작업을 할 때 편리합니다.

⓮ **편집 창** : 글자나 그림과 같은 내용을 넣고 꾸미는 작업 공간입니다.

03 문서 작성하고 저장하기

1 한글 2020을 실행한 후 다음과 같이 입력합니다. 문장을 다음 줄로 이동하려면 `Enter` 를 누릅니다. 문서를 저장하기 위해 서식 도구 상자의 '저장하기'를 클릭합니다.

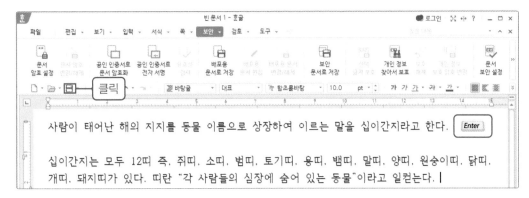

2 ❶ '새 폴더'를 클릭하여 만들어진 폴더의 이름을 ❷ "한글 2020 연습하기"로 입력하고 `Enter` 를 누릅니다. 이름이 설정되면 '한글 2020 연습하기' 폴더를 선택한 후 ❸ [열기]를 클릭합니다.

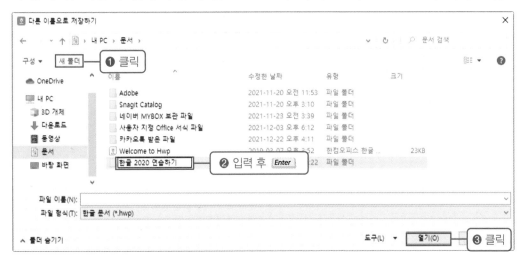

3 '파일 이름'에 ❶ "십이간지"를 입력한 후 ❷ [저장]을 클릭합니다.

04 다른 이름으로 저장하기와 암호 설정하기

1 현재 문서를 다른 파일 이름으로 변경하여 저장하려면 ❶ [파일] 탭의 ❷ '다른 이름으로 저장하기'를 클릭합니다.

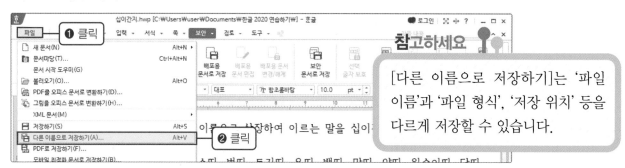

참고하세요

[다른 이름으로 저장하기]는 '파일 이름'과 '파일 형식', '저장 위치' 등을 다르게 저장할 수 있습니다.

2 [다른 이름으로 저장하기] 대화상자가 나타나면 저장할 위치를 ❶ '문서'로 선택하고 ❷ '파일 이름'을 "십이간지알아보기"로 입력합니다. 문서의 암호를 넣기 위해 ❸ '도구' ▼를 클릭한 후 '문서 암호'를 선택합니다.

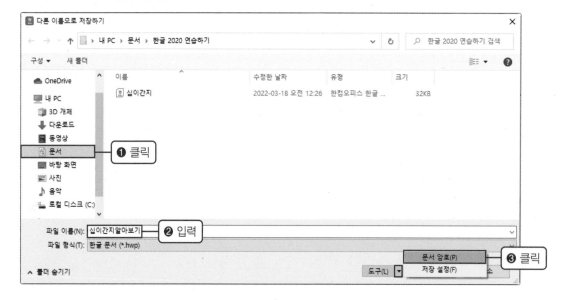

3 [문서 암호 설정] 대화상자가 나타나면 ❶ '문서 암호'와 '암호 확인'에 사용할 암호를 동일하게 입력하고 ❷ [설정]을 클릭합니다. [다른 이름으로 저장하기] 대화상자로 돌아오면 ❸ [저장]을 클릭합니다.

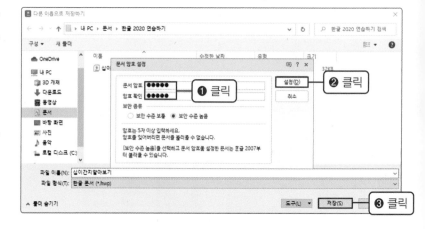

4 현재 문서만 종료하기 위해 우측 상단의 문서 '닫기'를 클릭합니다.

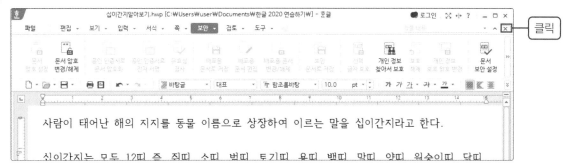

5 암호 문서를 불러 오기 위해 서식 도구 상자의 ❶ '불러오기'를 클릭한 후 ❷ '문서'의 ❸ '십이간 지알아보기'를 선택한 후 ❹ [열기]를 클릭합니다.

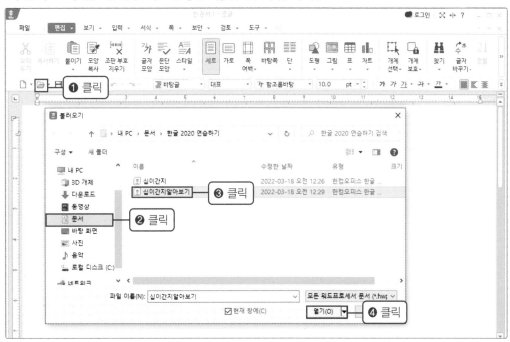

6 등록한 ❶ 암호를 입력하고 ❷ [확인]을 클릭합니다.

7 암호를 해제하려면 ❶ [보안] 탭의 ❷ '문서 암호 변경/해제'를 클릭합니다.

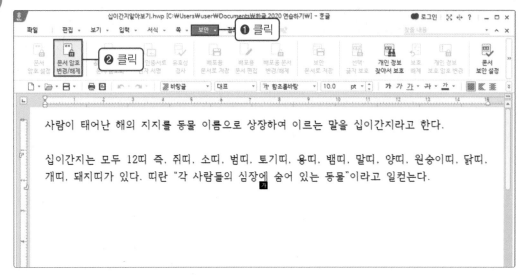

8 [암호 변경/해제] 대화상자에서 ❶ '암호 해제'를 선택한 후 ❷ 현재 암호에 등록했던 암호를 입력합니다. ❸ [해제]를 클릭하고 서식 도구 상자의 ❹ '저장하기'를 클릭합니다.

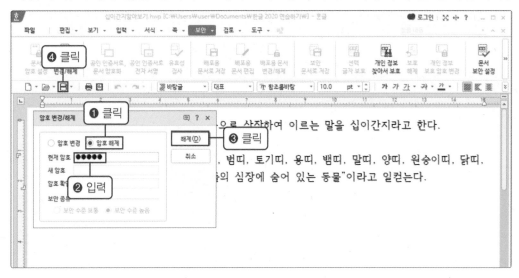

참고하세요

암호만 따로 설정하거나 암호의 변경/해제는 [보안] 탭의 '문서 암호 설정'에서 설정할 수 있습니다.

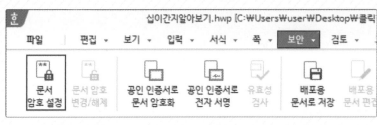

참고하세요

쪽 윤곽 보기와 본문 영역보기

❶ [보기] 탭의 ❷ '쪽 윤곽'을 클릭하면 편집 용지와 여백과 함께 전체 문서가 표시됩니다.

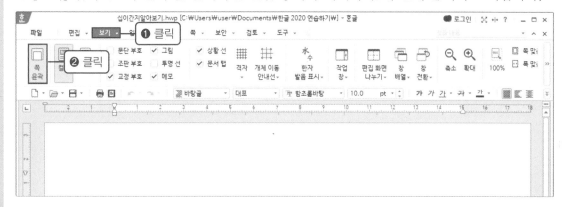

❶ [보기] 탭의 ❷ '쪽 윤곽'을 다시 한번 클릭하면 편집 용지의 여백을 제외한 본문 영역만 표시됩니다.

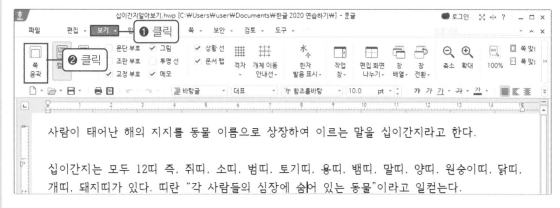

문단 부호와 조판 부호

- 문단 부호는 줄 바꿈만 표시됩니다.
- 조판 부호는 줄 바꿈, 띄어쓰기, 그림이나 표 등을 삽입하면 삽입된 위치에 주황색 부호로 표시됩니다.

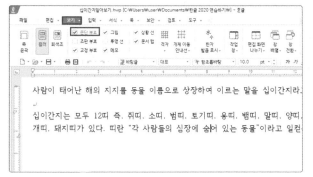 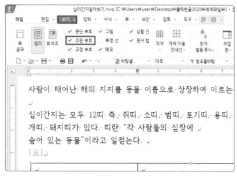

"혼자 풀어 보세요"

1 다음과 같이 작성하고 '라이언킹대사.hwp'로 저장하세요.

> "맞아, 과거는 아플 수 있어.
> 그런데 너는 과거로부터 달아날 수 있지만,
> 과거로부터 배울 수도 있어"
>
>
> '라이언 킹' 중에서

2 다음과 같이 작성하고 '영시.hwp'로 저장하세요.

> - A Thousand Winds -
>
> Please do not stand at my grave and weep
> I am not there, I do not sleep
> I am the sunlight on the ripened grain
> I am the gentle autumn rain
>
> 내 무덤에서 울지마라,
> 나는 그곳에 없으니
> 나는 익은 곡식의 햇빛이고,
> 온화한 가을의 비다.

3 다음과 같이 작성하고 '김치찌개 만드는 법.hwp'로 저장하세요.

김치찌개 만드는 법

1. 돼지고기의 핏물을 키친타월로 제거합니다.
2. 김치를 먹기 좋은 크기로 자릅니다.
3. 대파를 어슷썰기로 준비해 둡니다.
4. 양파는 채 썰어 준비합니다.
5. 냄비에 준비한 김치를 담고 위에 양파와 돼지고기를 넣습니다.

4 3번에서 만든 문제를 불러와 다음과 같이 내용을 추가 작성하고 파일 이름은 '돼지김치찌개 만드는 법.hwp'로 저장하세요.

김치찌개 만드는 법

1. 돼지고기의 핏물을 키친타월로 제거합니다.
2. 김치를 먹기 좋은 크기로 자릅니다.
3. 대파를 어슷썰기로 준비해 둡니다.
4. 양파는 채 썰어 준비합니다.
5. 냄비에 준비한 김치를 담고 위에 양파와 돼지고기를 넣습니다.
6. 재료가 반 정도 잠길 때까지 물을 넣고 센 불에 끓입니다.
7. 삼겹살이 어느 정도 익으면 중간 불로 조절하고 대파와 간 마늘 한 숟가락 정도 넣고 더 끓입니다.
8. 국물이 줄어드면 물을 조금 더 넣어 처음에 넣었던 물의 양을 맞춰주고 더 끓입니다.
9. 설탕을 조금 넣고 한소끔 끓여줍니다.

특수 문자와 한자 변환하기

특수 문자를 이용하여 다양한 문자를 삽입하고 작성한 한글을 다양한 형식의 한자로 변환할 수 있습니다. 또 문자 위에 덧말을 삽입하고 특수 문자와 문자를 겹쳐 쓸 수가 있습니다.

➤➤ 특수 문자를 입력해 봅니다.

➤➤ 한글을 한자로 변환해 봅니다.

➤➤ 덧말을 삽입하고 특수 문자와 문자를 겹쳐 입력해 봅니다.

배울 내용 미리보기 ➕

올레길설명
☞제주올레는 자유 旅行입니다.☜

처음 걷는 사람도, 혼자 걷는 사람도 제주올레 길에서는 ☺길을 잃을 필요가 없다.
곳곳에 설치된 안내🚩 표지들이 친절하게 길을 안내하기 때문이다.
풍광♣에 홀려, 향기☕에 취해 잠시 길을 잘못 들어도 걱정이 없다.

마지막 안내(案內) 표지를 보았던 地點으로 돌아가 천천히 주변을 살펴보면 금세 ☺반가운 표
지를 🅿발견할 수 있다.

▲ 파일명 : 제주올레완성.hwp

01 특수 문자 입력하기

1 '제주올레.hwp' 준비파일에서 ❶ '제' 앞에 커서를 위치시키고 ❷ [입력] 탭에서 ❸ '문자표'의 ▼ 를 클릭하여 ❹ '문자표'를 선택합니다.

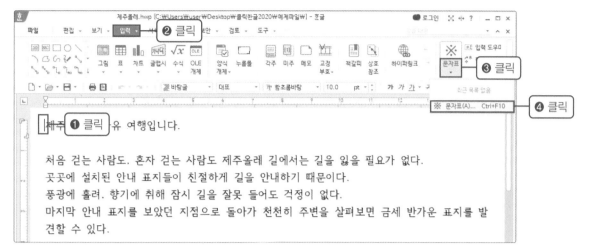

2 [문자표] 대화상자에서 ❶ [한글(HN C)문자표] 탭을 클릭합니다. ❷ '전 각기호(일반)'을 클릭한 후 특수 문 자 ❸ '◐'을 선택하고 ❹ [넣기]를 클 릭합니다.

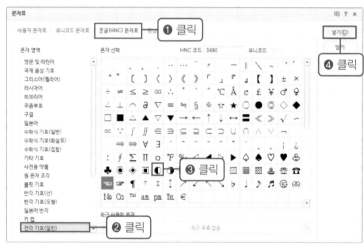

3 다음과 같이 다른 특수 문자를 삽입하여 입력합니다.

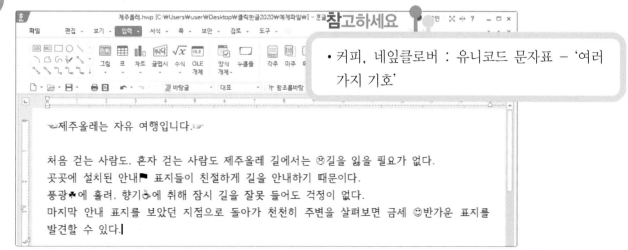

> **참고하세요**
>
> • 커피, 네잎클로버 : 유니코드 문자표 – '여러 가지 기호'

02 한자로 변환하기

1 ❶ '여행' 뒤에 커서를 위치시키고 ❷ [입력] 탭에서 ❸ '한자 입력'의 ▼를 눌러 ❹ '한자로 바꾸기'를 클릭합니다.

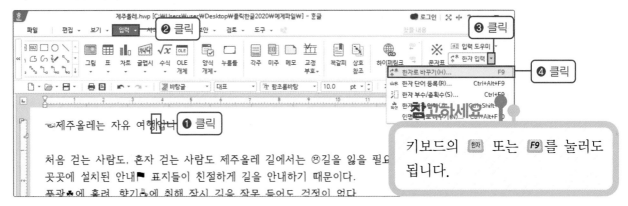

2 [한자로 바꾸기] 대화상자에서 해당하는 ❶ 한자를 선택한 후 ❷ '입력 형식'에서 '漢字'를 선택한 후 ❸ [바꾸기]를 클릭합니다.

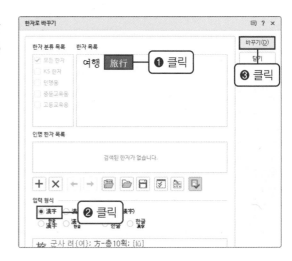

3 다음과 같이 한글을 한자로 변환합니다.

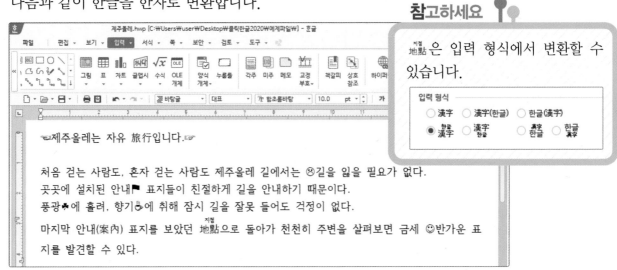

03 덧말 넣고 글자 겹치기

1 ❶ '제주올레'를 드래그하여 블록으로 설정하고 ❷ [입력] 탭의 ▼를 클릭하여 ❸ '덧말 넣기'를 선택합니다.

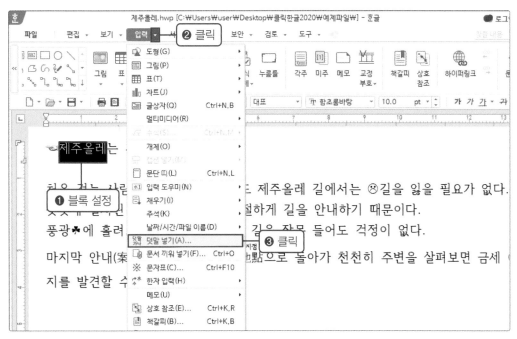

2 [덧말 넣기] 대화상자에서 ❶ '덧말'에 "올레길설명"을 입력한 후 ❷ '덧말 위치'는 '위'를 선택하고 ❸ [넣기]를 클릭합니다.

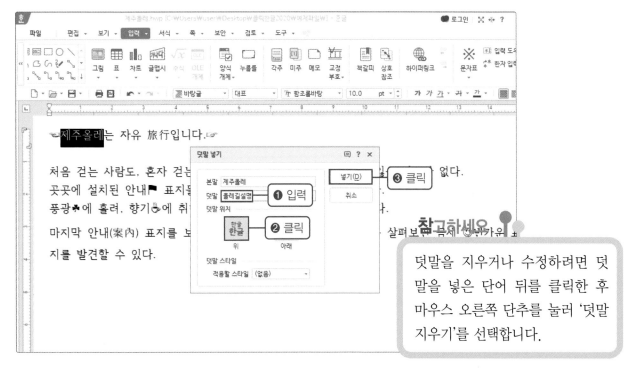

참고하세요

덧말을 지우거나 수정하려면 덧말을 넣은 단어 뒤를 클릭한 후 마우스 오른쪽 단추를 눌러 '덧말 지우기'를 선택합니다.

③ ❶ '발견' 앞에 커서를 위치시키고 ❷ [입력] 탭에서 ❸ '입력 도우미'를 클릭한 후 ❹ '글자 겹치기'를 선택합니다.

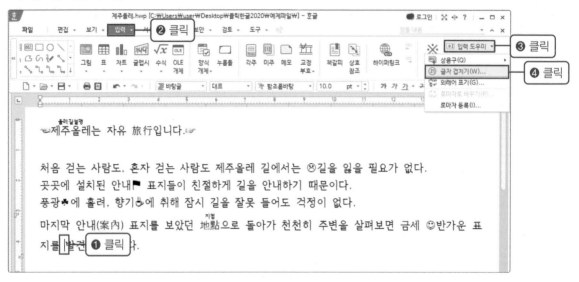

④ [글자 겹치기] 대화상자에서 ❶ '겹쳐 쓸 글자'를 클릭한 후 ❷ Ctrl + F10 을 눌러 [문자표]의 [한글(HNC) 문자표]–'여러 가지 기호'에서 '♪'를 선택하여 [넣기]를 클릭합니다.

⑤ ❶ '겹치기 종류'에서 '반전된 사각형 문자'를 선택한 후 ❷ [넣기]를 클릭하여 완성합니다.

"혼자 풀어 보세요"

1 '단축키.hwp' 준비파일에서 특수 문자와 글자 겹치기 기능으로 다음과 같이 작성하고 '단축키완성.hwp'로 저장하세요.

ⓗⓖ 2020 단축키

문서 작업할 때 단축키 알아두면 작업 속도가 빨라집니다.

☞ 새 문서 불러오기 : [Alt]+[N]
☞ 문서 마당 불러오기 : [Ctrl]+[Alt]+[N]
☞ 새 이름으로 저장하기 : [Alt]+[V]
☞ 빠른 내어쓰기 : [Shift]+[⇥]
☞ 끝내기 : [Alt]+[X]
☞ 복사하기 : [Ctrl]+[C]
☞ 오려두기 : [Ctrl]+[X]
☞ 쪽 나누기 : [Ctrl]+[Enter↵]

힌트
[한글(HNC) 문자표]-키캡

---

2 '고사성어.hwp' 준비파일에서 덧말 기능과 한자 변환 기능으로 다음과 같이 작성하고 '고사성어완성.hwp'로 저장하세요.

우리에게 ^{좋은 가르침}교훈을 주는 고사성어

⇒ 事必歸正(사필귀정) : 처음은 시비를 가리지 못하고 그릇되더라도 결국에는 모든 일에 반드시 정리하고 돌아간다.

⇒ ^{인과응보}因果應報 : 원인과 결과는 서로 물고 물린다.

⇒ 타산지석(他山之石) : 다른 사람의 하찮은 언행이라도 자기의 지적을 닦는 데 도움이 된다.

⇒ 살신성인 : 자기의 몸을 희생하여 옳은 도리를 행한다.
_{殺身成仁}

03 복사하기와 이동하기

문서를 편집하면서 같은 내용을 반복하거나 이동해야 하는 경우가 있습니다. 복사하기와 이동하기 기능을 이용하면 빠르게 문서를 작성할 수 있습니다.

➡➡ 반복해야 하는 내용을 복사하여 붙이기해 봅니다.

➡➡ 내용을 다른 위치로 이동해 봅니다.

배울 내용 미리보기 ➕

♪♫♪♫♪♫♪♫♪♫♪♫
나래유치원에서 어버이날 연주회를 합니다.

우리 나래유치원에서 5월 어버이날을 맞이하여 친구들의 연주회에 부모님을 초대합니다. 부족하지만 부모님께 멋진 모습을 보여드리고자 열심히 연습하였습니다.
아래 일정을 알려드리오니 연주회에 오셔서 듬직한 나래유치원 친구들의 연주를 함께 감상해 주시기 바랍니다.
♪♫♪♫♪♫♪♫♪♫♪♫

일   정 : 5월 6일(금요일)
시   간 : 오전 11시
장   소 : 지하 1층 나래강당

공연 순서
오전 11시 - 풀잎반
오전 11시 30분 - 꽃잎반
오후 12시 - 나무반
오후 12시 30분 - 달님반

▲ 파일명 : 연주회완성.hwp

01 복사하고 붙여넣기

1 '연주회.hwp' 준비파일에서 문서 첫 행의 특수 문자를 복사하기 위해 ❶ '♪ ♬' 를 마우스로 드래그하여 블록으로 설정합니다. ❷ [편집] 탭의 ❸ '복사하기'를 클릭합니다.

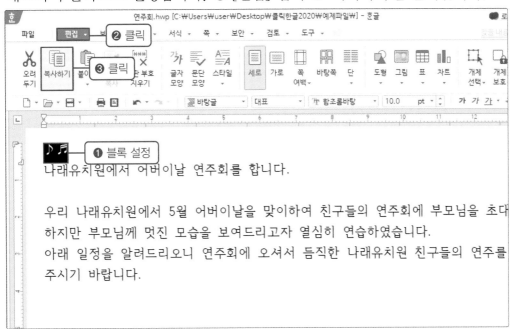

2 ❶ '♪ ♬' 의 끝을 클릭한 후 ❷ [편집] 탭의 ❸ '붙이기'를 클릭합니다.

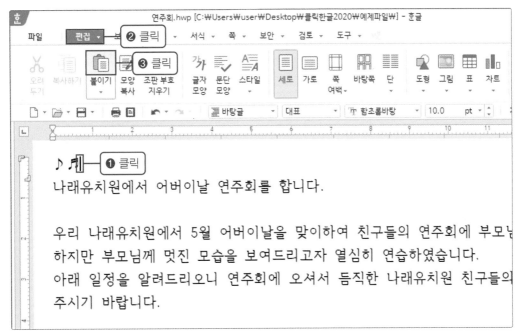

3 [붙이기]를 다섯 번 실행합니다. 내용 아래에 음표들을 똑같이 입력하기 위해 ❶ 첫 행을 블록으로 설정하고 ❷ [편집] 탭의 '복사하기'를 클릭합니다.

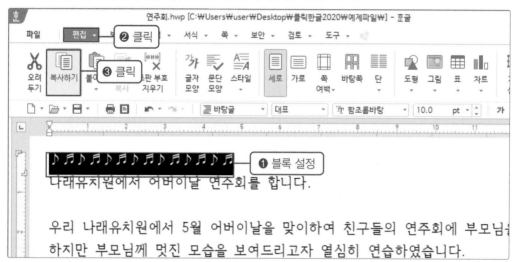

4 ❶ 내용 아래를 클릭한 후 [편집] 탭의 ❷ '붙이기'를 클릭합니다.

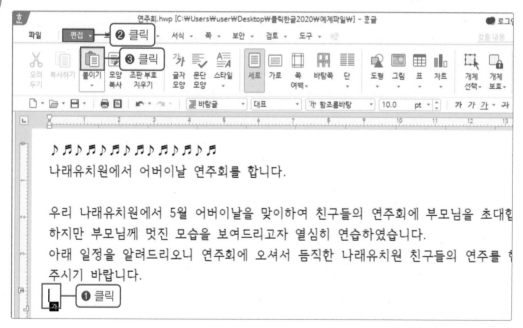

5 다음과 같이 완성합니다.

> ♪♬♪♬♪♪♬♪♪♬♪♪♬
> 나래유치원에서 어버이날 연주회를 합니다.
>
> 우리 나래유치원에서 5월 어버이날을 맞이하여 친구들의 연주회에 부모님을 초대합니다. 부족하지만 부모님께 멋진 모습을 보여드리고자 열심히 연습하였습니다.
> 아래 일정을 알려드리오니 연주회에 오셔서 듬직한 나래유치원 친구들의 연주를 함께 감상해 주시기 바랍니다.
> ♪♬♪♬♪♪♬♪♪♬♪♬

02 이동하고 붙여넣기

① '공연 순서'를 한 줄 아래로 이동하기 위해 ❶ '공연 순서'부터 다음과 같이 블록으로 설정합니다.

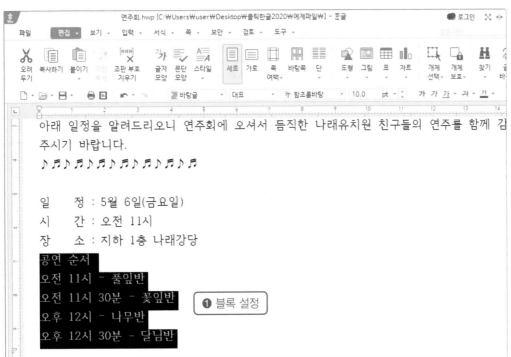

② 블록이 설정된 상태에서 ❶ [편집] 탭의 ❷ '오려두기'를 클릭합니다.

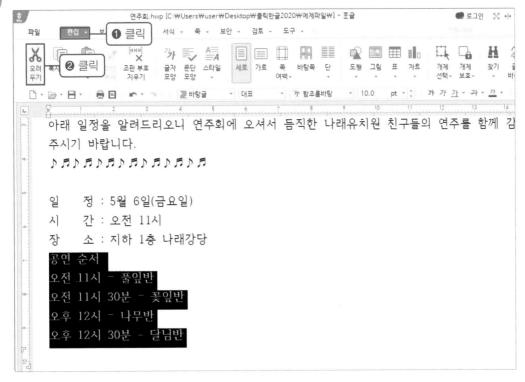

③ ❶ **Enter** 를 눌러 커서를 아래로 이동시킨 후 ❷ [편집] 탭의 ❸ '붙이기'를 클릭합니다.

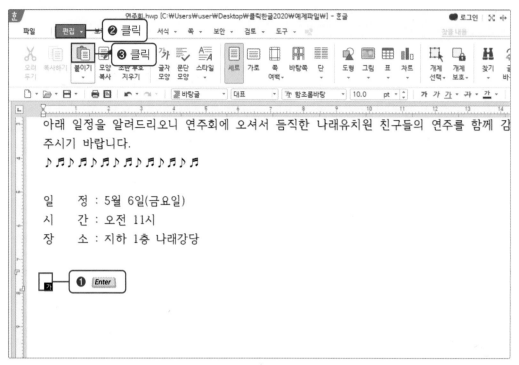

④ 공연 순서가 아래로 이동하였습니다.

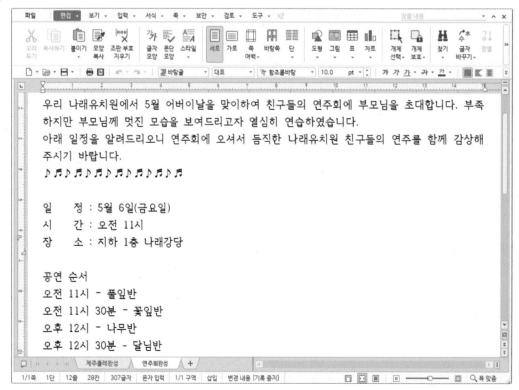

"혼자 풀어 보세요"

1 복사 기능을 이용하여 다음과 같이 문서를 작성하고 '영어강사모집.hwp'으로 저장하세요.

▇나온 영어학원 중등강사 모집 안내▇

♧ **자격** : 영어 교육 관련 학과 졸업 및 학원 강사 경력자
♧ **지원 방법** : 나온 영어학원 홈페이지에 이력서와 서류 첨부(홈페이지 공지 확인)
♧ **근무 요일** : 월요일 ~ 금요일(주 5일)
♧ **근무 시간** : 오후 1시 ~ 오후 7시

▇나온 영어학원 중등강사 모집 안내▇

♧ **자격** : 영어 교육 관련 학과 졸업 및 학원 강사 경력자
♧ **지원 방법** : 나온 영어학원 홈페이지에 이력서와 서류 첨부(홈페이지 공지 확인)
♧ **근무 요일** : 월요일 ~ 금요일(주 5일)
♧ **근무 시간** : 오후 1시 ~ 오후 7시

---

2 위의 문서를 오려두기 기능을 이용하여 문서를 수정하고 '강사모집.hwp'으로 저장하세요.

▇나온 영어학원 중등강사 모집 안내▇

♧ **자격** : 영어 교육 관련 학과 졸업 및 학원 강사 경력자
♧ **지원 방법** : 나온 영어학원 홈페이지에 이력서와 서류 첨부(홈페이지 공지 확인)
♧ **근무 요일** : 월요일 ~ 금요일(주 5일)
♧ **근무 시간** : 오후 1시 ~ 오후 7시

▇나온 학원 중등 국어 강사 모집 안내▇

♧ **자격** : 국어 교육 관련 학과 졸업 및 학원 강사 경력자
♧ **근무 요일** : 월요일 ~ 금요일(주 5일)
♧ **근무 시간** : 오후 1시 ~ 오후 7시
♧ **지원 방법** : 나온 영어학원 홈페이지에 이력서와 서류 첨부(홈페이지 공지 확인)

04 한컴애셋으로 서식 내려받기

한글 2020에서는 직접 서식을 만들지 않아도 한컴애셋에서 다양한 서식과 글꼴, 클립아트, 그리기 조각들을 무료로 내려받아 문서에 사용할 수 있습니다.

➜➜ 한컴애셋에서 한글 서식을 내려받아 문서를 작성해 봅니다.

➜➜ 한컴애셋에서 글꼴을 내려받아 문서의 글꼴을 꾸며봅니다.

배울 내용 미리보기 ⊕

RANGWON's
1st Birthday party

랑원이 의 첫번째 생일파티에 초대합니다.

2022 05 14 [토] PM 7시

무지개마을
파스텔 에서

◀ 파일명 : 돌잔치완성.hwp

01 한컴애셋으로 한글 서식 내려받기

1 한글 2020의 '새 문서'에서 ❶ [도구] 탭의 ❷ '한컴 애셋'을 클릭합니다.

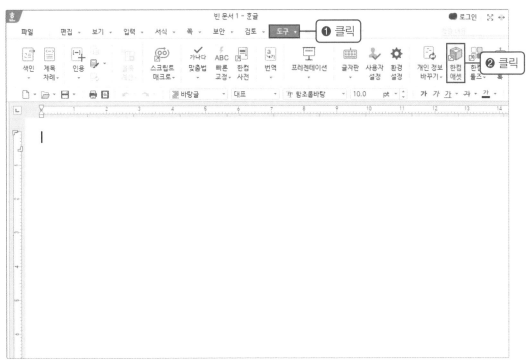

2 [한컴 애셋] 대화상자가 나타나면 ❶ [한글 서식] 탭을 클릭하여 검색 창에 ❷ "돌잔치"를 입력하고 검색합니다. 검색 결과가 나타나면 ❸ '내려받기'를 클릭합니다.

3 서식이 문서에 삽입됩니다. 빨간색 글자를 클릭하면 글자는 사라지고 누름틀(「」)이 나타납니다. 누름틀 안에 변경하고자 하는 내용을 입력합니다.

4 같은 방법으로 모든 누름틀을 수정합니다. 필요없는 누름틀은 텍스트 상자를 선택하여 삭제할 수 있습니다.

02 한컴애셋으로 글꼴 내려받기

1 ❶[도구] 탭의 ❷[한컴 애셋]을 클릭합니다.

2 [한컴 애셋] 대화상자가 나타나면 ❶[글꼴] 탭을 클릭하여 검색 창에 ❷"안동엄마"를 입력하고 검색하여 나타난 '안동엄마까투리' 글꼴을 ❸ 내려받기합니다.

③ '한컴오피스 글꼴 설치 마법사' 창이 나타나면 [다음]을 클릭하여 글꼴을 설치합니다. 설치가 완료되면 [종료]를 클릭하고 [한컴 애셋] 창을 닫습니다.

④ ❶ 변경하려는 글꼴을 블록으로 설정합니다. 서식 도구 상자에서 글꼴의 종류의 ❷ ▼를 클릭하고 ❸ '내려받은 글꼴'에서 ❹ '안동엄마까투리'를 클릭하여 글꼴을 변경합니다.

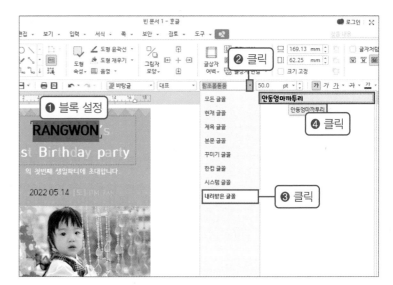

⑤ 글꼴 저작권 설정을 위해 ❶ [도구] 탭의 '환경 설정'을 클릭합니다. [환경 설정] 대화상자가 나타나면 ❷ [글꼴] 탭에서 ❸ '주의 글꼴 알림'에 체크하고 ❹ [설정]을 클릭합니다.

"혼자 풀어 보세요"

1 한컴애셋에서 '여름방학안내문' 서식을 내려받아 문서 내용을 수정하고 '여름방학 안내.hwp'로 저장하세요.

2 위에서 작성한 문서를 한컴애셋에서 클립아트를 내려받아 문서에 삽입하고 '다나 유치원방학안내문.hwp'로 저장하세요.

> **힌트**
> 클립아트 : 아모개(사랑) 검색
> 삽입 : [입력]−그림−그리기마당
> −내려받은 그리기마당−[넣기]

05 글자 모양 설정하기

문서의 글자 모양을 변경하거나 위치를 조절하고 그림자를 적용하여 가독성 있는 문서를 작성할 수 있습니다.

➡➡ 글자 모양을 변경해 봅니다.

➡➡ 글꼴을 꾸미거나 위치를 조절해 봅니다.

➡➡ 확장 기능으로 그림자를 적용해 봅니다.

배울 내용 미리보기 ➕

낙엽과 감성이 넘쳐흐르는 가을! **알록달록 나래마을 가을 축제 한마당**

9월 20일부터 2일간 *주민과 함께하는* 가을 축제 한마당이 나래마을에서 열립니다.
알록달록 가을 축제 한마당은 나래마을 주민의 참여로 다양한 체험을 할 수 있습니다.
알록달록 내 마음대로 옷감 염색하기, 알록달록 낙엽으로 책갈피 만들기, 알록달록 낙엽으로
작품 만들기 등 누구나 체험을 할 수 있습니다.
또한 주 민   노 래 자 랑 에서 참여해 보세요. 멋진 상품도 준비되어 있습니다.

● 축제 안내

▶ 축제 날짜 : 9월 20일 ~ 9월 22일(2일간)
▶ 축제 장소 : 나래마을 어린이공원 내 운동장
▶ 문의 : 나래마을 구청 복지과(☎ 02-987-5431)

▲ 파일명 : 축제한마당완성.hwp

01 글자 모양 변경하기

1 '축제한마당.hwp' 준비파일에서 **❶** '낙' 앞을 클릭한 후 드래그하여 블록을 설정합니다.

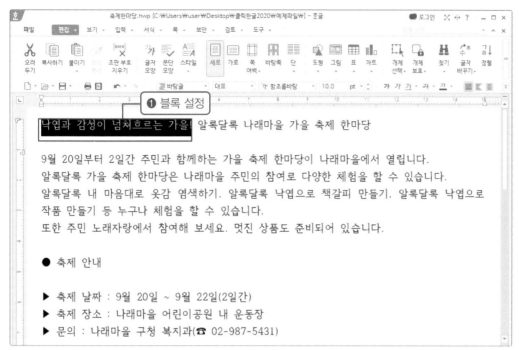

2 서식 도구 상자에서 **❶** '글꼴'의 ▼를 클릭하고 **❷** '꾸미기 글꼴'에서 **❸** '양재인장체M'을 선택합니다.

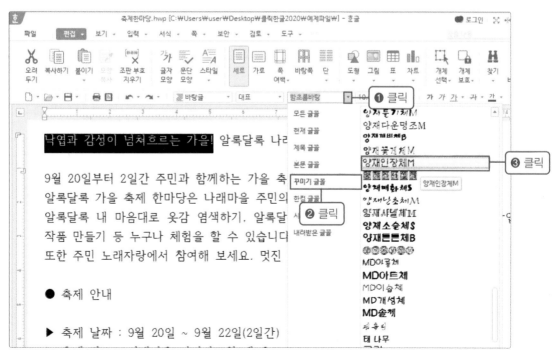

3 ❶ '알록달록 나래마을 가을 축제 한마당'을 블록으로 설정하고 ❷ 글꼴은 '양재백두체B', 글자 크기는 '14pt'로 지정한 후 ❸ '글자 색'의 ▼를 눌러 ❹ '주황' 또는 임의의 색을 클릭합니다.

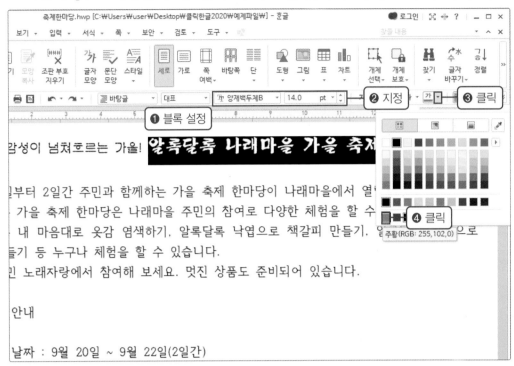

4 글자의 속성을 바꾸기 위해 ❶ '주민과 함께하는'을 블록으로 설정하고 ❷ '진하게'와 '기울임'을 클릭합니다.

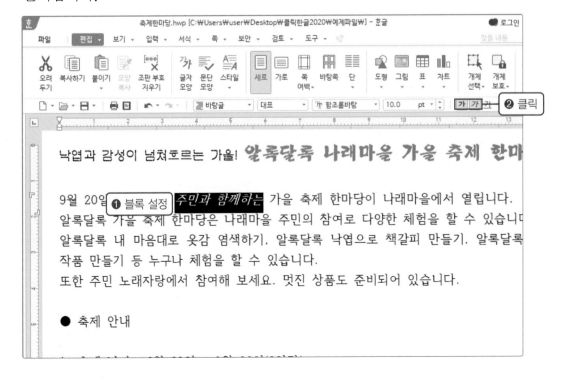

02 글꼴 꾸미기

1 ❶ '알록달록 가을 축제 한마당'을 블록으로 설정하고 ❷ '밑줄'의 ▼를 눌러 ❸ '이중 물결선'을 클릭합니다.

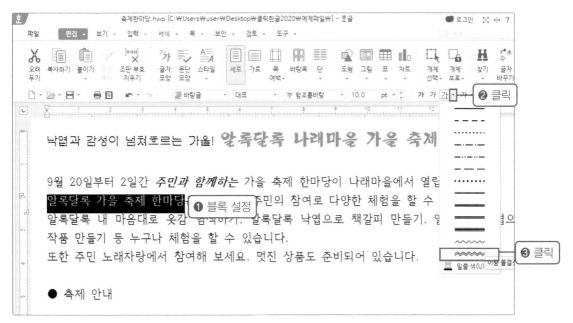

2 밑줄의 색을 설정하기 위해 블록이 설정된 상태에서 ❶ '밑줄'의 ▼를 눌러 ❷ '밑줄 색'에서 ❸ 임의의 색을 선택합니다.

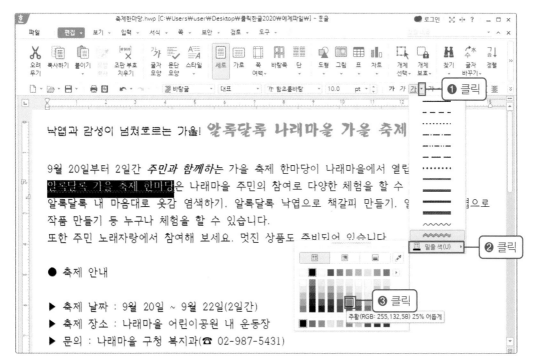

③ ❶ '누구나 체험'을 블록으로 설정하고 ❷ [편집] 탭의 ❸ '글자 모양'을 클릭합니다. [글자 모양] 대화상자에서 ❹ [기본] 탭을 클릭하고 ❺ '글자 색'과 '음영 색'을 원하는 색으로 선택하고 ❻ [설정]을 클릭합니다.

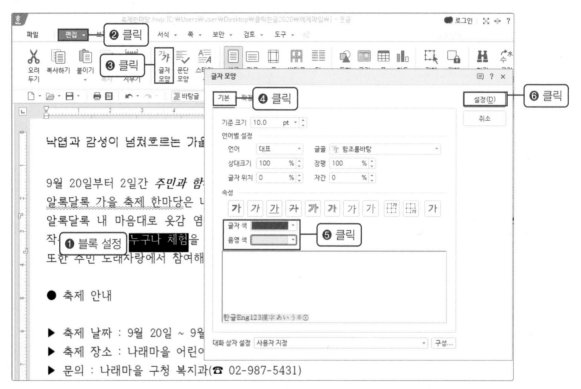

④ ❶ '주민 노래자랑'을 블록으로 설정하고 ❷ [편집] 탭의 ❸ '글자 모양'을 클릭합니다. [글자 모양] 대화상자에서 ❹ [기본] 탭의 ❺ '장평'은: "120%", '자간'은 "20%"으로 입력한 후 ❻ [설정]을 클릭합니다.

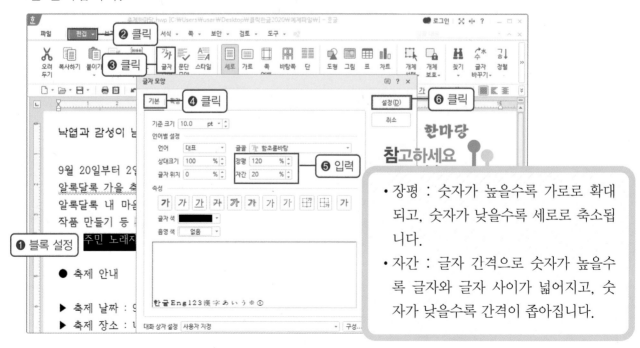

한마당 참고하세요

• 장평 : 숫자가 높을수록 가로로 확대되고, 숫자가 낮을수록 세로로 축소됩니다.
• 자간 : 글자 간격으로 숫자가 높을수록 글자와 글자 사이가 넓어지고, 숫자가 낮을수록 간격이 좁아집니다.

5 '주민 노래자랑'의 글자 크기를 '13pt'로 설정합니다. ❶ '노'만 블록으로 설정하고 [편집] 탭의 '글자 모양'을 클릭합니다. [글자 모양] 대화상자에서 ❷ [기본] 탭의 ❸ '글자 위치'를 "20"으로 입력한 후 ❹ '글자색'을 임의로 설정하고 ❺ [설정]을 클릭합니다.

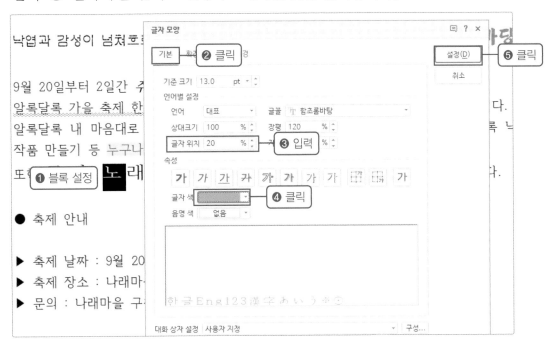

6 글자의 위치가 아래로 이동합니다. ❶ '자'를 블록으로 설정하고 [편집] 탭의 '글자 모양'을 클릭합니다. [글자 모양] 대화상자에서 ❷ [기본] 탭의 ❸ '글자 위치'를 "–15"로 입력한 후 ❹ '글자색'을 임의로 설정하고 ❺ [설정]을 클릭합니다.

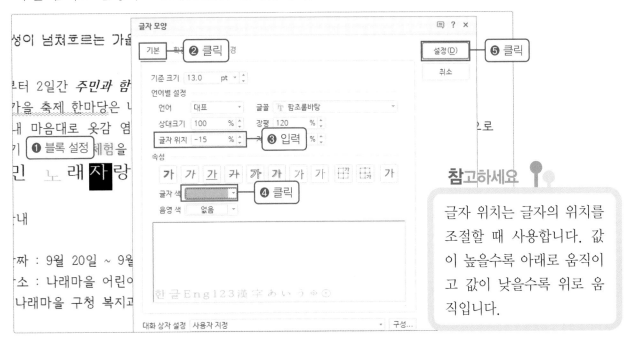

참고하세요

글자 위치는 글자의 위치를 조절할 때 사용합니다. 값이 높을수록 아래로 움직이고 값이 낮을수록 위로 움직입니다.

03 글자 모양 확장하기

1 ❶ '축제안내'를 블록으로 설정하고 ❷ [편집] 탭의 ❸ '글자 모양'을 클릭합니다. [글자 모양] 대화상자에서 ❹ [기본] 탭의 ❺ '기준 크기'는 "16pt", ❻ '글꼴'은 '양재튼튼B', ❼ '글자 색'을 임의로 지정합니다.

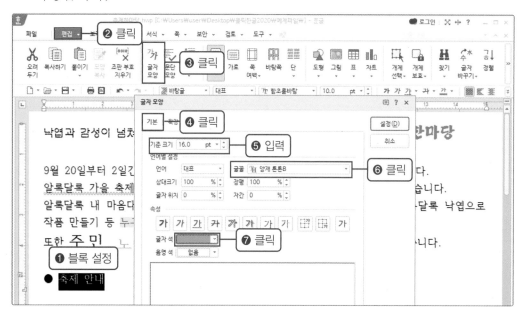

2 그림자를 설정하기 위해 ❶ [확장] 탭을 클릭하여 ❷ '그림자'를 '연속'으로 선택하고, ❸ X 방향을 "30%", Y 방향을 "−30%"로 입력합니다. ❹ '색'을 임의로 선택하고 ❺ [설정]을 클릭합니다.

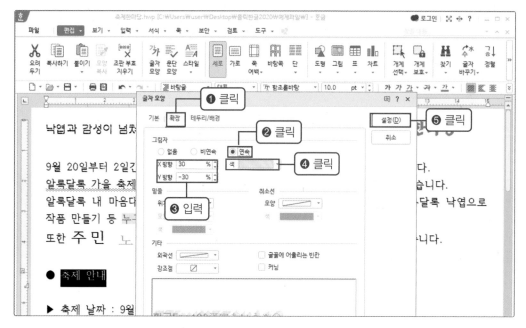

"혼자 풀어 보세요"

1 '봄철등산주의사항.hwp' 준비파일에서 글자 모양 기능으로 글자 밑줄과 배경을 설정하고 '봄철등산주의사항완성.hwp'으로 저장하세요.

봄철 등산 주의사항

따뜻한 봄! 겨울에 약해졌던 건강을 지키기 위해 야외 운동을 많이 합니다. 그 중에 하나가 바로 등산입니다. 등산은 건강 증진에 도움이 되는 전신 운동이지만 안전한 산행을 하기 위해 지켜야 할 것이 있습니다. 봄철 등산의 주의사항을 알아봅시다.

▨ **체온 유지하기**
봄은 기상변화가 심하고 일교차가 큰 계절입니다. 햇살이 따뜻해도 산속을 오르면 체감 온도가 내려가고 등산 중 흘린 땀이 식어 저체온증을 유발할 수 있습니다.

▨ **낙석과 미끄럼 사고 주의**
겨울에 얼었던 땅이 녹으며 바위가 떨어지기도 하고 경사가 미끄러워 계곡과 바위가 많은 곳보다는 평평한 등산 코스로 선택합니다.

▨ **체력 소모를 위한 휴식**
근육을 충분히 풀어주고 산을 오르내릴 땐 짧은 보폭과 일정한 속도로 걷습니다.

---

2 '우리나라국토알기.hwp' 준비파일에서 글자 모양 기능으로 글자 색과 글꼴, 글자 위치, 그림자를 설정하여 '우리나라국토알기완성.hwp'으로 저장하세요.

우리나라 국토 알기

곰 배 령!

4월부터 피고 지기를 반복하는 들꽃은 봄부터 가을까지 곰배령 일대에서 천상의 화원을 만들며 피어납니다. 몇 년 전까지만해도 오지나 다름 없었던 곰배령은 인제의 현리에서도 약 1시간 정도 더 들어가야 하는 곳에 위치해 있어서 사람들의 발길이 닿지 않았습니다.

곰배령의 매력은 웅장하지도 화려하지도 않은 소박한 아름다움으로 이루어진 들꽃밭입니다. 깊은 산 속에서 발견되는 금강초롱이 수줍은 듯 모습을 드러내고 제 멋대로 자란 우거진 나무들 때문에 앞이 잘 보이지 않은 오솔길이 군데 군데 뻗어 있어 초보자들도 산행이 가능한 곳입니다.

06 문단 모양 설정하기

작성한 문단을 정렬하고 들여쓰기와 문단 간격 등을 조절하고 문단의 배경과 테두리를 삽입할 수 있습니다.

➤➤ 문단 모양의 정렬 방법과 줄 간격을 조절해 봅니다.
➤➤ 문단 여백과 문단에 테두리와 배경을 설정해 봅니다.

배울 내용 미리보기 ➕

유네스코 인류무형문화유산
에스파냐 플라멩코

플 라멩코(flamenco)는 노래(칸테, cante), 춤(바일레, baile), 음악적 기교(토케, toque, 음악 연주)가 융합된 예술적 표현이다. 플라멩코의 중심지는 에스파냐 남부의 안달루시아(Andalusia)지만, 무르시아(Murcia)·엑스트레마두라(Extremadura) 등에서도 그 기원을 찾을 수 있다.

칸테(cante)는 플라멩코의 음성적 표현으로, 남성과 여성이 코러스 없이 대개 앉아서 노래한다. 플라멩코에서는 슬픔·기쁨·비통함·환희·공포 등과 같은 모든 감정과 심리 상태가 진정성과 표현력 있는 가사를 통해 나타난다. 가사는 단순하고 간결한 것이 특징이다. 플라멩코 바일레(baile)는 열정과 구애의 춤으로, 슬픔에서부터 기쁨에 이르기까지 풍부한 상황을 표현한다. 춤의 기법은 복잡하며, 연행자의 성별에 따라 다르다. 예를 들어 남성은 발을 더 많이 사용하며, 여성은 춤사위가 더욱 부드럽고 관능적이다. 토케(toque) 또는 기타 연주는 본래 반주로 쓰였으나 실제로는 더 많은 역할을 한다. 플라멩코에는 캐스터네츠, 박수, 발 구르기 등의 다른 악기도 사용한다.

플라멩코는 종교 축제, 의식, 교회 행사, 개인 행사에서 연행한다. 플라멩코는 수많은 공동체와 집단, 그중에서도 특히 집시 민족 공동체의 정체성을 나타내는데, 집시 공동체는 플라멩코의 발달에 중요한 역할을 했다. 플라멩코는 공연단, 가정, 사회 집단, 플라멩코 클럽 등을 통해 전승되며, 이들은 모두 이 유산의 보존과 전파에 핵심 역할을 한다.

[네이버 지식백과] 플라멩코 [Flamenco] (유네스코 인류무형문화유산, 인류무형문화유산(영/불어 원문))

▲ 파일명 : 플라멩코완성.hwp

01 문단 서식 설정하기

1 '플라멩코.hwp' 준비파일에서 제목을 블록으로 지정하고 서식 도구 상자에서 ❶ 글꼴을 'HY산B', 글자 크기는 '16pt', 글자 색은 '보라'로 설정하고 ❷ '가운데 정렬'로 정렬해서 다음과 같이 변경합니다.

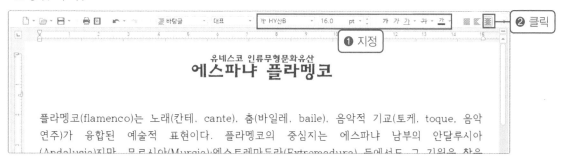

2 다음과 같이 문장을 블록으로 설정하고 ❶ 글자 크기를 '12pt', '진하게', 글자 색을 ❷ '빨강'으로 설정합니다.

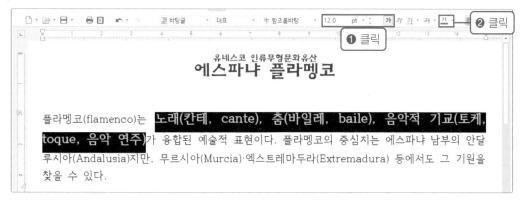

3 다음과 같이 문단을 ❶ 블록으로 설정한 후 ❷ [편집] 탭의 ❸ '문단 모양'을 클릭합니다.

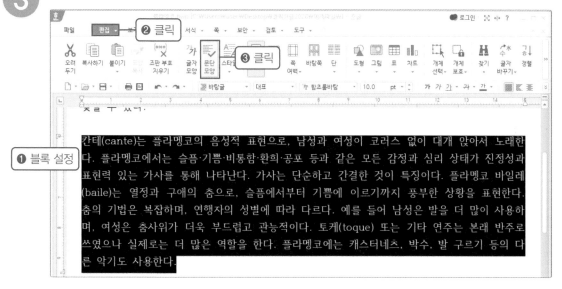

④ [문단 모양] 대화상자가 나타나면 ❶ [테두리/배경] 탭에서 ❷ '테두리'를 다음과 같이 설정하고 ❸ '위'와 '아래'를 선택합니다. ❹ '면 색'을 임의로 선택하고 ❺ 간격을 모두 "1"로 입력하고 ❻ [설정]을 클릭합니다.

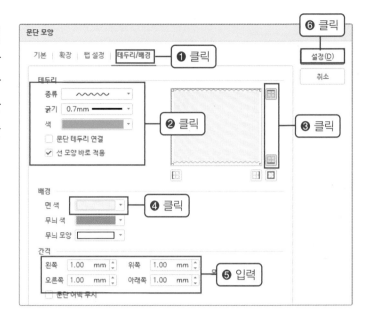

⑤ 다음과 같이 ❶ 블록으로 설정하고 ❷ [편집] 탭에서 ❸ '문단 모양'을 클릭합니다.

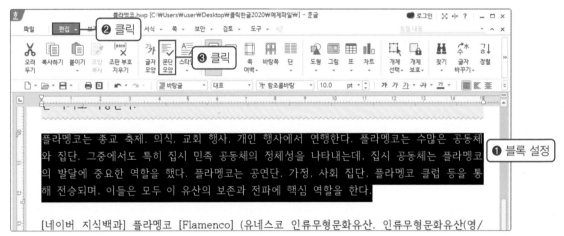

④ [문단 모양] 대화상자가 나타나면 ❶ [기본] 탭에서 ❷ '가운데 정렬'을 선택하고 ❸ '첫 줄'의 '들여쓰기'를 "10pt"로 입력합니다. ❹ '간격'의 '문단 위/아래'를 "7"로 입력하고 ❺ [설정]을 클릭합니다.

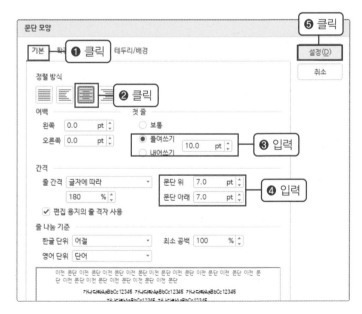

02 문단 첫 글자 장식하기

① **1** '플' 앞에 커서를 위치시키고 **2** [서식] 탭의 ▼를 클릭하고 **3** '문단 첫 글자 장식'을 선택합니다.

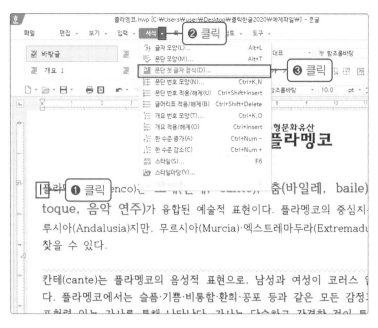

② [문단 첫 글자 장식] 대화상자가 나타나면 **1** '모양'은 '2줄', **2** 글꼴과 선 종류, 선 굵기, 선 색, 면 색을 임의로 선택한 후 **3** [설정]을 클릭합니다.

참고하세요

장식을 없애려면 [모양]에서 '없음'을 선택하세요.

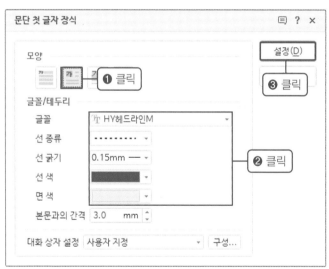

③ 문단의 첫 글자가 장식이 되었습니다.

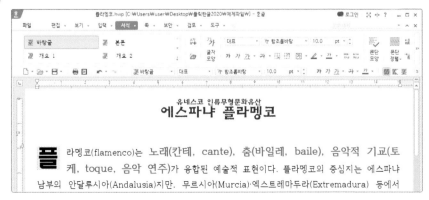

"혼자 풀어 보세요"

1 '적응훈련프로그램.hwp' 준비파일에서 글자 모양과 문단 모양을 설정한 후 '적응훈련프로그램완성.hwp'로 저장하세요.

예비초등학교 학교 적응훈련 프로그램

같은 유치원의 친구가 아니면 또래 아이들이 서로 얼굴을 모르고 지내다 초등학교에 입학하여 어색하게 인ㅅ 경우가 많습니다. 우리 유치원에서는 초등학교 적응 훈련 프로그램을 운영하여 새로 만나는 친구들을 따뜻ㅎ 행복하면 시간을 보낼 수 있도록 교육 프로그램을 준비하였으니 많은 관심 바랍니다.

◐ 교육 시간 : 2월 15일(토요일) 오후 1시 / 2월 22일(토) 오후 1시
◐ 교육 프로그램
① 친구 사귀기
② 안전 교육
③ 자신감 키우는 발표력
④ 즐거운 줄넘기와 매트 운동
⑤ 집중력 향상 프로그램

조건
줄 간격 : 180%, 왼쪽여백 : 5pt

2 '봉사단 모집 안내.hwp' 준비파일에서 글자 모양과 문단 모양을 설정한 후 '봉사단 모집 안내완성.hwp'로 저장하세요.

나래 시니어 봉사단 모집 안내

나래 행복자치센터에서 **시니어 봉사단**을 모집합니다.
시니어 봉사단은 봉사활동으로 우리 나래 구역에 있는 공원의 놀이터와 운동 기구들의 위생과
안전을 책임지는 나래 구역 안전 지키미입니다. 봉사활동으로 내 건강도 챙기고 우리
주민들의 안전도 책임지는 시니어 봉사단에 많은 지원 바랍니다.

♣ 모집 나이 : 만 65세 ~ 70세 이하 남녀 시니어

♣ 활동 내용 : 나래 구역의 공원에 공공 시설의 위생(방역과 청소)을 관리하며 위험 요소 관찰 여부 등

♣ 활동 시간 : 평일 오전 8시 30분부터 오전 9시 30분까지

조건
문단 위/아래 간격 : 3pt, 문단 좌/우 여백 : 5pt
줄간격 : 200%

3 '세계튤립박람회.hwp' 준비파일에서 글자 모양과 문단 모양을 설정한 후 '세계튤립박람회완성.hwp'로 저장하세요.

봉꽃 축제

태안 세계 튤립 박람회

천혜의 자연경관을 갖춘 충남 태안!
한 달간 펼쳐지는 태안 세계튤립꽃박람회에 여러분을 초대합니다.
봄날의 화창함을 더해주는 튤립을 보며 각박한 도시생활을 벗어나 여유를 만끽하고 태안의
아름다운 바다와 맛있는 먹거리들로 여행을 즐기며 소중한 추억을 만들어 보세요.

☆ 행사 기간 : 4월 9일 ~ 5월 9일
☆ 관람 시간 : 오전 9시 ~ 오후 6시
☆ 위치 : 충남 태안군 안면읍 꽃지해안로 400

조건
배경 간격 : 3mm, 줄간격 150%,
문단 위/아래 간격 : 2pt, 문단 좌우 여백 : 2pt

4 '산세베리아.hwp' 준비파일에서 글자 모양과 문단 모양을 설정한 후 '산세베리아완성.hwp'로 저장하세요.

실내 공기 정화 식물인 산세베리아

산세베리아는 천년란이라고도 불린다. 여러해살이풀로 뿌리는 짧고 두껍고 잎은 좁고 긴 모양이며 뱀가죽같이 생긴 것도 있다. 잎에서 질기고 탄력이 있는 흰 섬유를 빼내어 쓴다. 건조에 강하고 고온성이어서 겨울에도 15℃ 이상에서 재배할 수 있다. 번식은 6~9월에 포기나누기 등으로 한다.

아프리카와 인도 원산이며 60여 종이 있으나 10종 정도를 재배한다. 다육식물이며 원산지에서는 중요한 섬유자원의 하나이나 기타 지역에서는 관상수로 더 많이 가꾸고 있다. 천세란(千歲蘭)이란 이름을 지닌 닐로티카(S. nilotica)는 나일강 연안에서 자라던 것으로 호미초(虎尾草)라고도 한다. 한국에서는 관상용으로 주로 실내에서 가꾼다. 꽃말은 '관용'이다. 잎에서 추출한 섬유로 로프나 활시위 등을 만든다. 한국·인도·열대아프리카 등지에 분포한다.

[네이버 지식백과] 산세비에리아 [bowstring hemp] (두산백과 두피디아, 두산백과)

49

07 모양 복사하고 스타일 설정하기

모양 복사는 글자 모양과 문단 모양을 복사해서 다른 문장에 똑같이 적용할 수 있습니다. 스타일은 글자 모양과 문단 모양 등을 저장해 두고 필요할 때 불러와 다른 문장에 적용할 수 있습니다.

➡➡ 글자 모양과 문단 모양을 복사해 봅니다.

➡➡ 스타일을 설정해 봅니다.

배울 내용 미리보기 ➕

방과후 활동 신청서

나래유치원에서 4월부터 6세반 방과후 활동을 시작합니다. 정규수업이 끝나고 3시 30분부터 50분간 진행합니다. 이와 관련하여 아래 수업 과목을 알려드립니다.
방과후 활동을 희망하시는 학부모님께서는 아래 신청서 작성 후 다음주 3월 28일(월요일)까지 보내주시기 바랍니다.(신청을 하지 않으셔도 표시하여 주시기 바랍니다.)

☞방과후 수업 과목

월	화	수	목	금
쭉쭉~어린이 요가	코딩아~ 놀자	영어로 체육해요	정원을 이쁘게 꾸며요	나도 화가!

☞방과후 수업 교육비 : 월 70,000원
☞결제방법 : 매월 교육비 고지서에 별도 포함

- - - - - - - - - - - - - - - - - - - <절취선> -

6세반 방과후 활동 교육 신청서

신청합니다	신청하지 않습니다.

2022년   월   일
이름   (인)

▲ 파일명 : 신청서완성.hwp

01 모양 복사하기

1 '신청서.hwp' 준비파일에서 '방과 후 활동 신청서'를 블록으로 설정 하고 서식 도구 상자에서 다음과 같이 설정합니다.

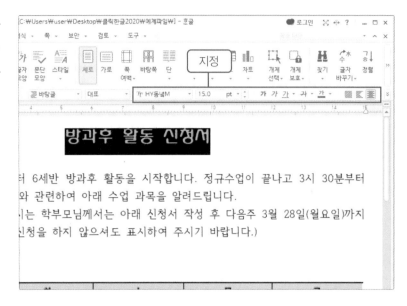

2 글자 모양을 복사할 ❶ '방과후'를 클릭합니다. ❷ [편집] 탭에서 ❸ '모양 복사'를 클릭합니다.

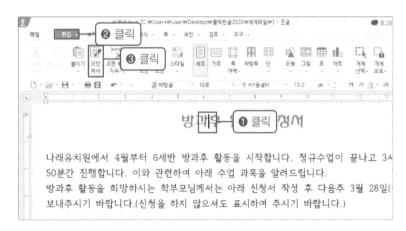

3 [모양 복사] 대화상자에서 ❶ '글 자 모양'을 선택한 후 ❷ [복사]를 클릭합니다.

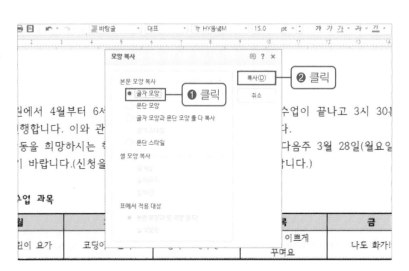

4 복사한 글자 모양을 적용할 ❶ '6세반 방과후 활동 교육 신청서'를 블록으로 설정하고 ❷ [편집] 탭에서 ❸ '모양 복사' 를 클릭합니다.

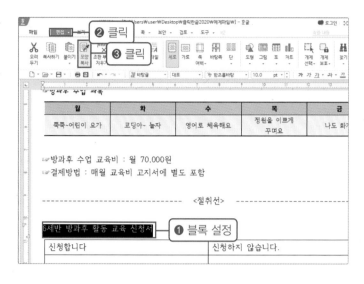

5 ❶ 복사할 표 안의 셀을 클릭하고 `Alt` + `C` 를 누릅니다. [모양 복사] 대화상자에서 ❷ 다음과 같이 설정하고 ❸ [복사] 를 클릭합니다.

참고하세요

[표에서 적용 대상]을 '셀 모양만'에 체크하면 표의 '셀 모양'만 복사됩니다.

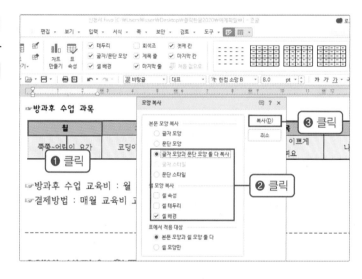

6 ❶ 복사한 표 서식을 적용할 첫 행을 블록으로 설정하고 `Alt` + `C` 를 클릭합니다.

참고하세요

모양 복사 기능은 마지막 복사한 모양만 저장하므로 매번 새로 복사해야 합니다.

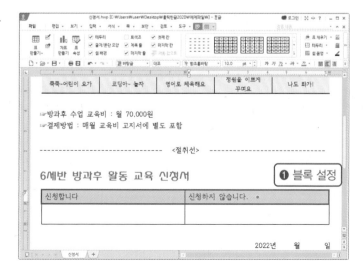

02 스타일 적용하기

1 ❶ '방과후 수업 과목'을 클릭한 후 ❷ [서식] 탭의 ▼를 눌러 ❸ '스타일'을 클릭합니다.

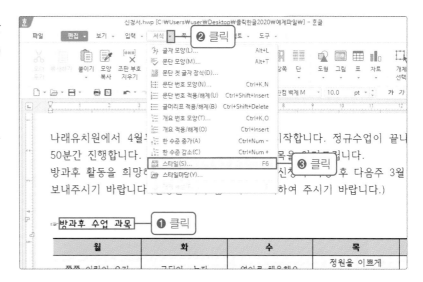

2 [스타일] 대화상자가 나타나면 ❶ '스타일 추가하기'를 클릭합니다. ❷ [스타일 추가하기] 대화상자가 나타나면 '스타일 이름'은 "제목"으로 입력하고 ❸ [추가]를 클릭합니다. ❹ [스타일 추가하기] 대화상자를 닫습니다.

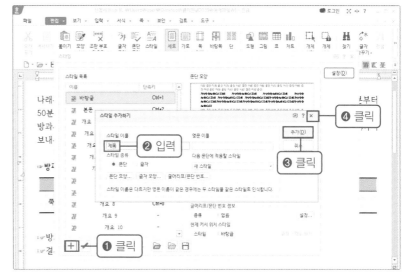

3 ❶ [스타일] 대화상자의 [스타일 목록]에 추가한 '제목' 스타일 목록이 추가되었습니다. ❷ [스타일] 대화상자를 닫습니다.

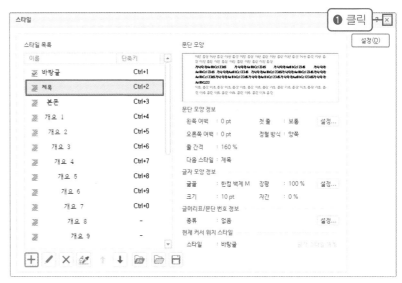

④ ❶ 스타일을 적용할 문단을 블록으로 설정하고 ❷ 서식 도구 상자의 [스타일] 목록의 ▼를 눌러 ❸ '제목'을 클릭합니다.

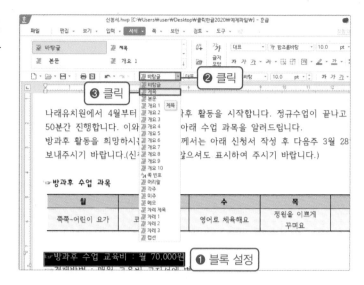

⑤ ❶ 스타일이 적용된 문단을 블록으로 설정하고 F6 을 클릭합니다. [스타일] 대화 상자가 나타나면 ❷ [스타일 추가하기]를 클릭한 후 [스타일 추가하기]의 ❸ '스타일 이름'은 "수업안내"로 입력하고 ❹ [글자모양]을 클릭합니다.

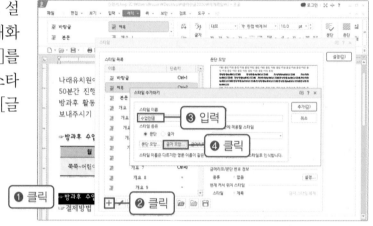

⑥ [글자 모양] 대화상자가 나타나면 ❶ 다음과 같이 설정한 후 ❷ [설정]을 클릭합니다. [스타일 추가하기] 대화상자의 ❸ [추가]를 클릭하고 [스타일] 대화상자의 ❹ [설정]을 클릭합니다.

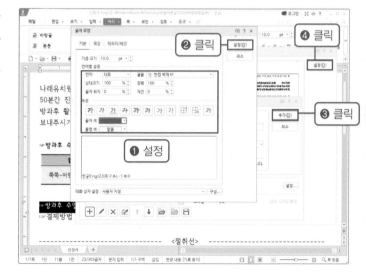

7 스타일이 적용되었습니다.

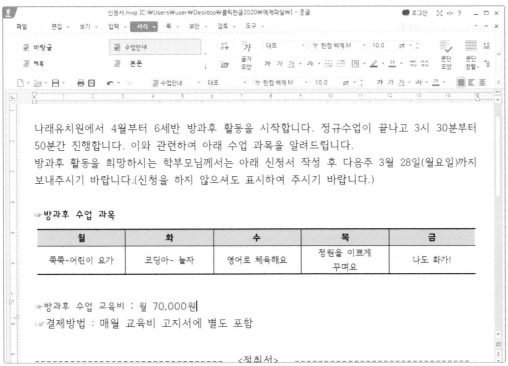

8 ❶ 스타일이 적용될 문단을 블록으로 설정하고 ❷ [서식] 탭의 스타일 목록에서 '수업안내'를 클릭하여 완성합니다.

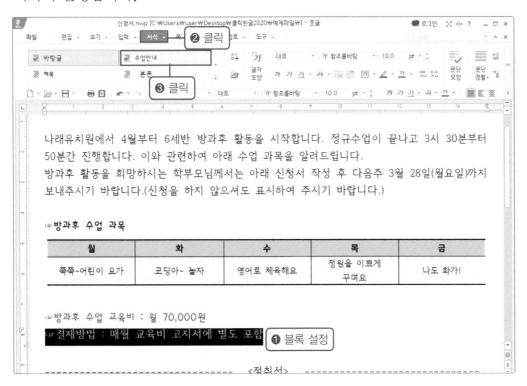

"혼자 풀어 보세요"

1 다음과 같이 문서를 작성하고 '매출실적.hwp'로 저장하세요.

매출 실적

매출유형	품목		2021년	2020년
컴퓨터기기	탭북	수출	287,358	214,873
		내수	317,557	187,385
		합계	604,915	402,258
	스마트워치	수출	378,417	297,347
		내수	440,876	402,874
		합계	819,293	700,221

품목		2021년	2020년
탭북 합계	수출	634,775	512,220
스마트워치 합계	내수	758,433	590,259

2 위의 문제에 이어 '모양 복사' 기능을 이용해 작성하고 '매출실적완성.hwp'로 저장하세요.

[조건] • 표 : '글자 모양과 문단 모양 둘 다 복사'와 '셀 배경', '셀 테두리' 기능을 이용해 아래 표에 적용
  • 표 : '셀 배경'만 '모양 복사' 기능을 이용해 아래 표에 적용

매출 실적

매출유형	품목		2021년	2020년
컴퓨터기기	탭북	수출	287,358	214,873
		내수	317,557	187,385
		합계	604,915	402,258
	스마트워치	수출	378,417	297,347
		내수	440,876	402,874
		합계	819,293	700,221

품목		2021년	2020년
탭북 합계	수출	634,775	512,220
스마트워치 합계	내수	758,433	590,259

3 '봄야생화.hwp' 준비파일에서 [조건]에 맞춰 스타일을 만들고 '봄야생화스타일.hwp'로 저장하세요.

[조건]
- 스타일1 : 스타일 이름 – 꽃이름, HY바다M, 글자 색 : 보라, 글자 크기 '18pt', 문단 아래 간격 : '2pt'
- 스타일2 : 스타일 이름 – 꽃설명, MD아롱체, 글자 색 : 주황, 글자 크기 '10pt', 문단 아래 간격 : '10pt'

4 위의 문제에 이어 '스타일2' 스타일을 수정하고 '봄야생화스타일완성.hwp'로 저장하세요.

[조건]
- 스타일2 수정 : HY나무M, 글꼴 색 : 시멘트색, 왼쪽 문단 여백 : '3pt'

08 문서마당과 인쇄하기

문서마당은 미리 만들어진 공공기관 문서, 가정 문서, 업무/기타 문서 등을 제공하며, 서식 파일을 수정하여 문서를 빠르게 작성하고 인쇄할 수 있습니다.

▸▸ 문서마당에서 서식 준비파일에서 문서를 작성해 봅니다.

▸▸ 문서를 인쇄해 봅니다.

배울 내용 미리보기 ➕

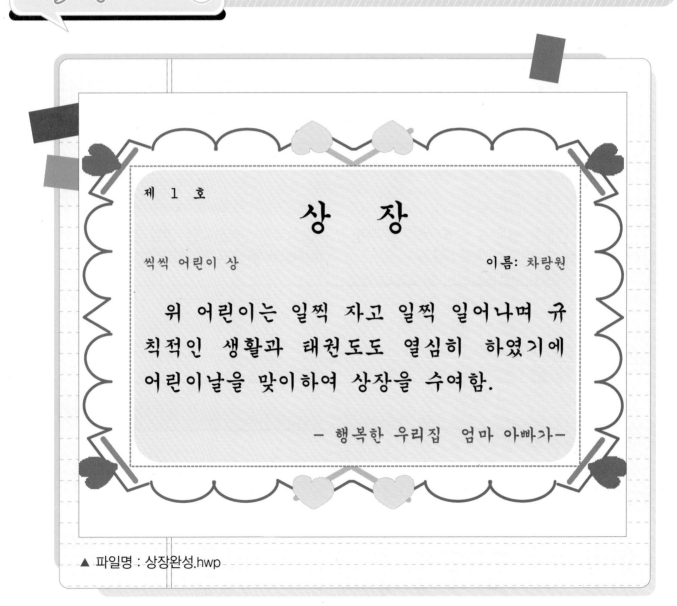

제 1 호

상 장

씩씩 어린이 상   이름: 차랑원

　위 어린이는 일찍 자고 일찍 일어나며 규칙적인 생활과 태권도도 열심히 하였기에 어린이날을 맞이하여 상장을 수여함.

－ 행복한 우리집 엄마 아빠가 －

▲ 파일명 : 상장완성.hwp

01 문서마당 편집하기

1 ❶ [파일] 탭의 ❷ '문서마당'을 클릭합니다.

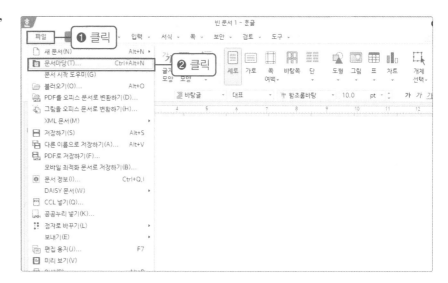

2 [문서마당] 대화상자가 나타나면 ❶ [문서마당 꾸러미] 탭을 클릭하고 ❷ '가정 문서'의 ❸ '상장'을 선택한 후 ❹ [열기]를 클릭합니다.

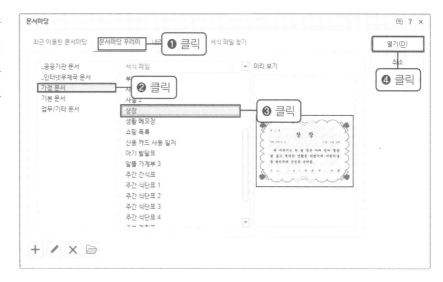

3 '상장' 서식 파일이 나타나면 '이름' 옆의 빨간 글자를 클릭하여 내용을 수정합니다.

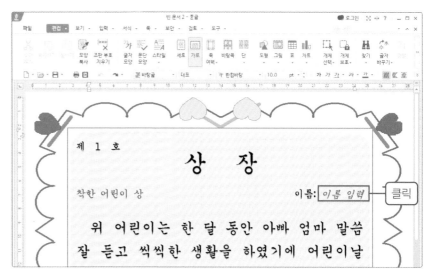

④ 상장의 나머지 내용을 다음과 같이 임의로 입력합니다.

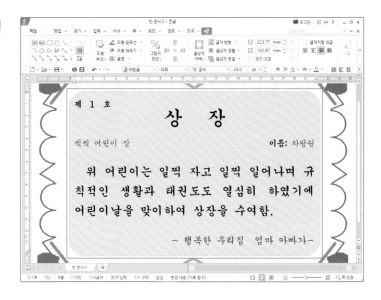

⑤ 수정한 '상장'을 저장하기 위해 ❶ [파일] 탭을 클릭하여 ❷ '다른 이름으로 저장하기'를 클릭합니다.

⑥ [다른 이름으로 저장하기] 대화상자가 나타나면 ❶ '문서' 폴더에 파일 이름을 ❷ "상장"으로 입력한 후 ❸ [저장]을 클릭합니다.

02 문서 미리보고 인쇄하기

1 서식 도구 상자의 ❶ '미리보기'를 클릭합니다.

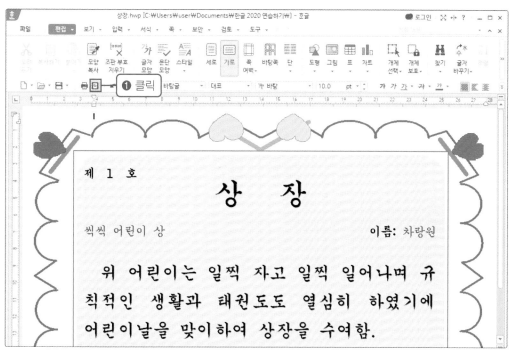

2 인쇄될 문서의 모양을 화면으로 미리 볼 수 있습니다.

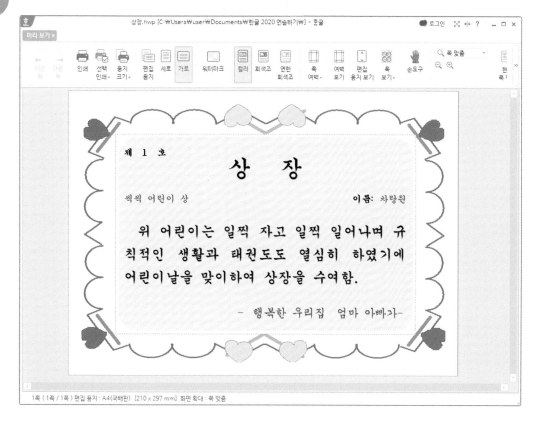

③ 인쇄 미리보기 창에서 직접 인쇄를 하기 위해 미리 보기 창에서 '인쇄'를 클릭합니다.

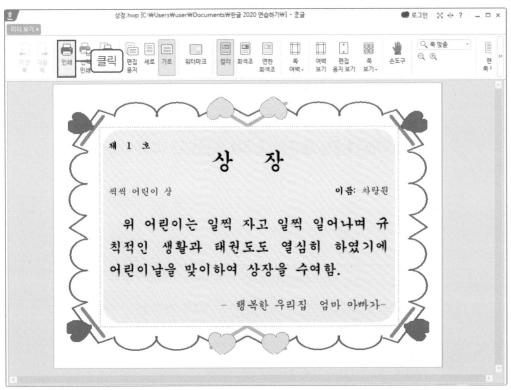

④ 설치된 프린터를 선택한 후 ❶ [인쇄]를 클릭합니다.

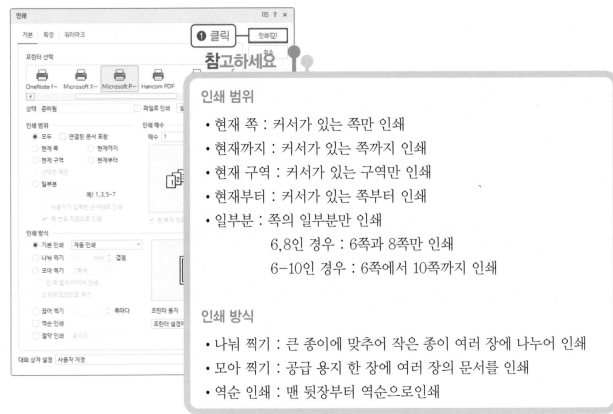

참고하세요

인쇄 범위

• 현재 쪽 : 커서가 있는 쪽만 인쇄

• 현재까지 : 커서가 있는 쪽까지 인쇄

• 현재 구역 : 커서가 있는 구역만 인쇄

• 현재부터 : 커서가 있는 쪽부터 인쇄

• 일부분 : 쪽의 일부분만 인쇄

　　　　　6,8인 경우 : 6쪽과 8쪽만 인쇄

　　　　　6-10인 경우 : 6쪽에서 10쪽까지 인쇄

인쇄 방식

• 나눠 찍기 : 큰 종이에 맞추어 작은 종이 여러 장에 나누어 인쇄

• 모아 찍기 : 공급 용지 한 장에 여러 장의 문서를 인쇄

• 역순 인쇄 : 맨 뒷장부터 역순으로인쇄

"혼자 풀어 보세요"

1 문서마당에서 다음 서식 파일을 열고 문서를 작성한 후 '우리유치원식단표.hwp'로 저장하세요. '현재 쪽'으로 설정하고 다섯 장을 인쇄해 보세요.

> **힌트**
> 가정문서 – 가족일정표

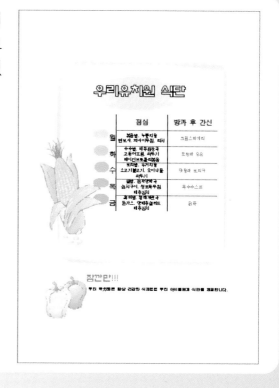

2 문서마당에서 다음 서식 파일을 열고 문서를 작성한 후 '우리가족일정.hwp'로 저장하고 두 장 모아찍기로 인쇄해 보세요.

> **힌트**
> 가정문서 – 주간식단표 1

그리기마당으로 꾸미기

09

그리기마당은 그리기조각, 공유 클립아트 등을 제공하여 문서에 삽입할 수 있습니다. 또한 삽입한 개체는 그림을 풀어 변경할 수 있습니다.

➡➡ 그리기마당의 개체를 삽입해 봅니다.

➡➡ 개체를 편집해 봅니다.

배울 내용 미리보기 ➕

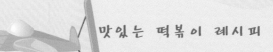

맛있는 떡볶이 레시피

😋 냄비에 떡, 어묵, 설탕을 넣는다.

😋 재료가 잠길 듯 말 듯 할 정도로 물을 넣는다.

😋 재료를 잘 저어준다.

😋 고춧가루, 후춧가루, 고추장을 넣는다.

😋 재료를 중불에 끓여주며 냄비에 떡이 눌어붙지 않게 자주 저어준다.

😋 물이 자박하게 줄고 걸쭉해지면 완성

 맛있게 드세요!!

▲ 파일명 : 떡볶이레시피완성.hwp

01 개체 삽입하고 크기 조절하기

1 '떡볶이레시피.hwp' 준비파일에서 ❶ [입력] 탭을 클릭하고 ❷ '그림'의 ▼를 눌러 ❸ [그리기마당]을 선택합니다.

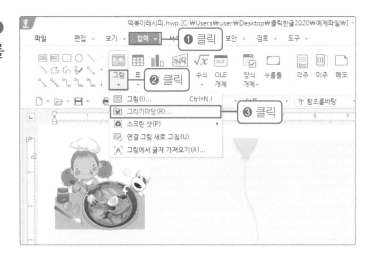

2 [그리기마당] 대화상자가 나타나면 ❶ [그리기 조각] 탭에서 ❷ '설명상자(제목상자)'의 ❸ '제목상자13'을 선택하고 ❹ [넣기]를 클릭합니다.

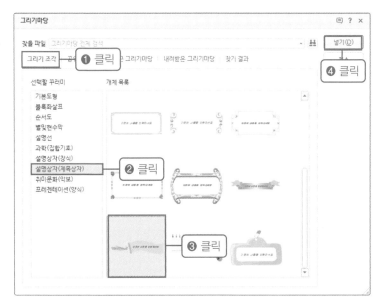

3 마우스 모양이 십자 모양으로 바뀌면 마우스로 드래그하며 크기를 조절하면서 개체를 삽입합니다. 개체가 삽입되면 빈 곳을 클릭하여 선택 해제합니다.

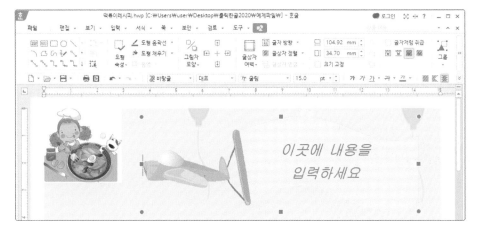

4 제목상자의 '이곳에 내용을 입력하세요'를 클릭하면 누름틀(「」)이 생깁니다. 누름틀 안에 내용을 다음과 같이 입력합니다.

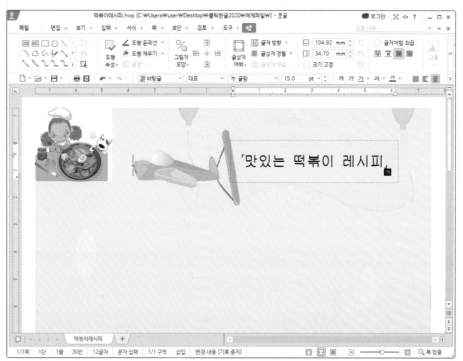

5 글꼴을 'HY바다M', 글자 크기는 '17pt', 글자 색은 '빨강'으로 설정합니다.

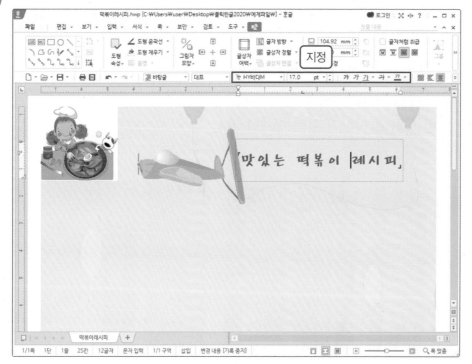

6 다른 개체를 삽입하기 위해 [입력] 탭에서 [그림]의 ▼을 눌러 [그리기마당]을 클릭합니다. [그리기마당] 대화상자에서 ❶ [그리기 조각] 탭의 ❷ '설명선'의 ❸ '설명선1'을 선택하고 ❹ [넣기]를 클릭합니다.

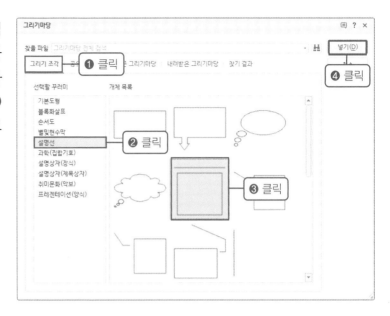

7 개체를 드래그하여 삽입한 후 글머리표를 넣기 위해 ❶ 설명선 안을 클릭합니다. ❷ [서식] 탭의 ❸ [그림 글머리표]의 ▼를 클릭하여 ❹ 다음과 같이 선택합니다.

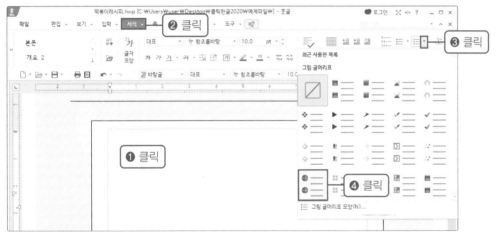

8 글머리 표가 삽입되면 다음과 같이 입력하고 글꼴과 글자 색, 줄 간격 등을 임의로 조절합니다.

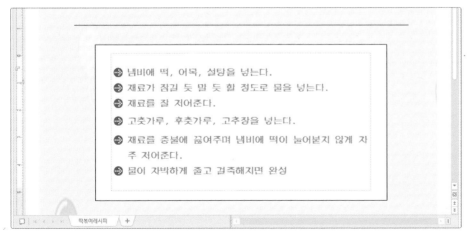

02 개체 분리하여 편집하기

1 [그리기마당]의 '설명상자(제목상자)'의 '제목상자14'를 삽입합니다. **1** '제목상자14'를 선택하고 **2** [도형] 탭의 **3** '그룹'을 클릭하여 **4** '개체 풀기'를 선택합니다.

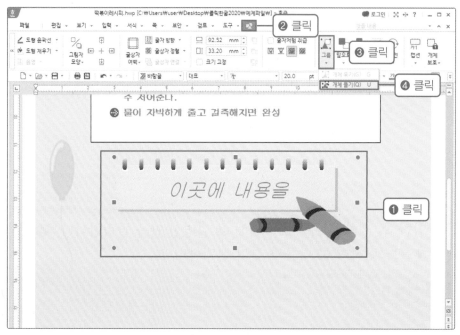

2 **1** 개체가 선택된 상태에서 **2** [도형] 탭의 **3** [그룹]에서 **4** '개체 풀기'를 각 개체에 조절점이 생길 때까지 3번 반복하여 클릭합니다.

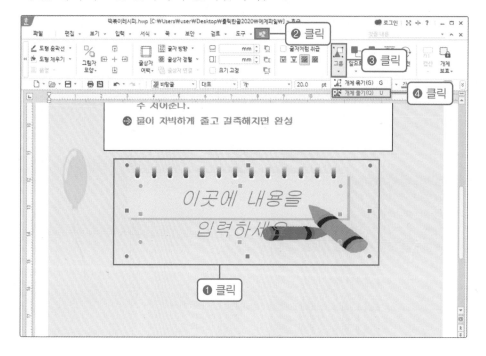

③ 문서의 빈 바탕을 클릭하고 개체 선택을 해제합니다. 오른쪽의 연필을 선택한 후 왼쪽 하단으로 이동합니다.

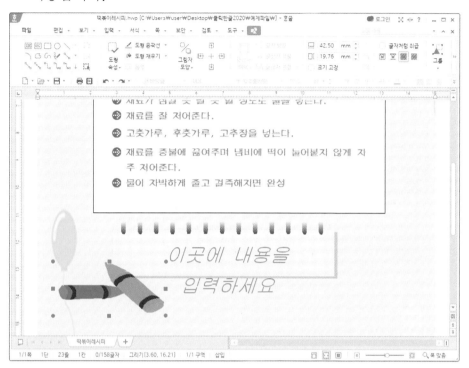

④ 연필을 선택한 후 Ctrl + Shift 를 누른 채 오른쪽으로 드래그하여 수평복사를 합니다.

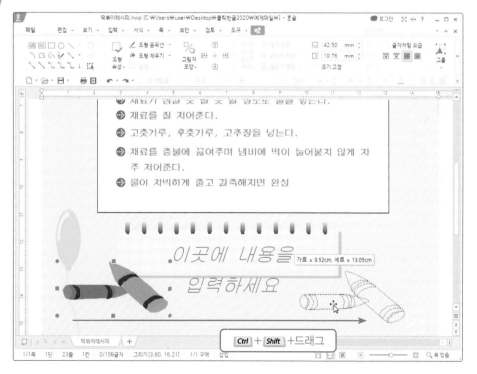

⑤ ❶ 오른쪽 연필을 선택한 후 ❷ [도형] 탭의 ❸ '회전'을 클릭하고 ❹ '좌우대칭'를 선택합니다. 누름틀을 클릭하여 ❺ "맛있게 드세요!!"를 입력합니다.

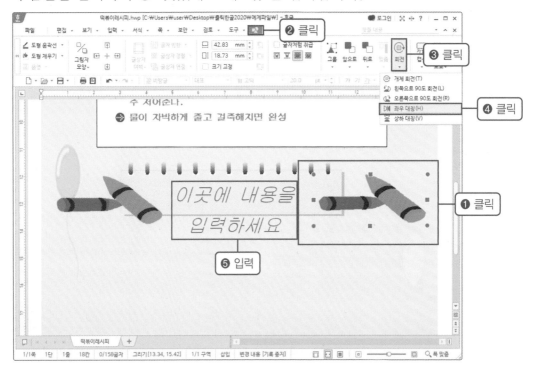

⑥ 각 각의 개체를 하나로 묶기 위해 ❶ 임의의 개체 하나를 선택한 후 ❷ [도형] 메뉴의 ❸ '개체 선택'을 클릭합니다. ❹ '개체 선택' 명령이 선택된 상태에서 개체로 묶을 도형들이 포함될 수 있도록 넓게 드래그합니다. ❺ '그룹'의 ❻ '개체 묶기'를 클릭합니다.

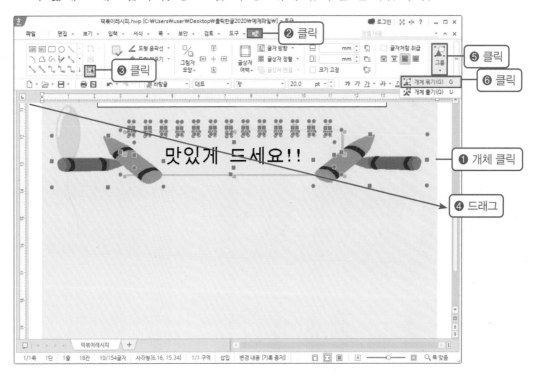

"혼자 풀어 보세요"

1 다음과 같이 그리기 마당에서 개체를 삽입하고 '날씨기호.hwp'로 저장하세요.

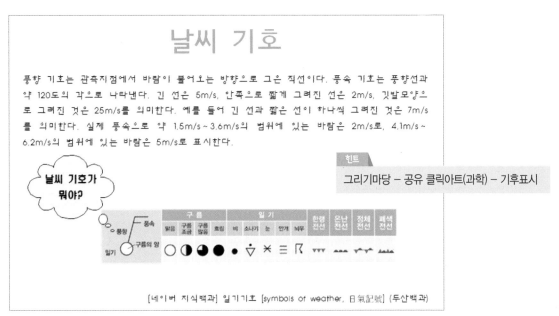

2 다음과 같이 그리기 마당에서 개체를 삽입하고 '4월탄색성.hwp'로 저장하세요.

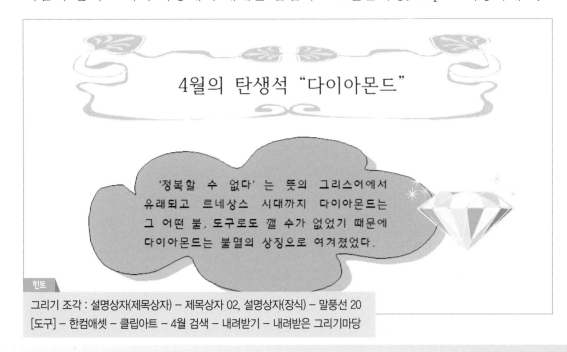

그리기 조각 : 설명상자(제목상자) – 제목상자 02, 설명상자(장식) – 말풍선 20
[도구] – 한컴애셋 – 클립아트 – 4월 검색 – 내려받기 – 내려받은 그리기마당

10

그림 삽입과 속성 설정하기

문서에 그림을 삽입하고 그림 효과, 그림 밝기와 대비, 그림 자르기 등의 다양한 스타일을 적용할 수 있습니다.

➡➡ 그림을 삽입하고 그림의 효과를 적용해 봅니다.

➡➡ 그림의 배치와 자르기, 캡션을 삽입해 봅니다.

배울 내용 미리보기 ➕

비타민 D의 기능

칼슘과 인의 대사 조절

비 타민 D의 주요 기능은 혈중 칼슘과 인의 수준을 정상범위로 조절하고 평형을 유지하는 것이다.

결핍

비타민 D가 결핍되면 혈액의 칼슘과 인의 농도가 낮아져 골격의 석회화가 충분히 이루어지지 않거나 뼈에서 탈무기질화가 일어나게 된다. 따라서 골격이 약화되고 압력을 이기지 못해 휘게 된다. 성장하는 어린이의 경우 이런 증상이 나타나는 질병을 구루병이라 한다. 성인에게서 나타나는 구루병을 골연화증(osteomalacia)이라 한다. 새롭게 만들어지는 뼈의 골화가 미약한 것이 특징으로, 엉덩이, 척추 등이 골절되기 쉽다. 이때에는 비타민 D 대사 뿐 아니라 칼슘의 흡수도 저하되어 저칼슘혈증이 동반되며, 이차적 갑상선기능부전증과 심한 뼈 상실이 초래될 수 있다.

함유 식품

비타민 D 함유 식품에는 연어, 고등어, 동물의 간, 달걀노른자, 버섯 등이 있다. 비타민 D는 지용성 비타민이므로 지방이나 기름과 함께 섭취되어야 체내 흡수율이 높아진다. 나라에 따라 비타민 D를 우유, 마가린, 곡류, 빵 등에 첨가하기도 한다.

[네이버 지식백과] 비타민 D (건강기능식품 기능성원료. 2011.)

달걀노른자

 ◀ 파일명 : 비타민D의 기능완성.hwp

1 '비타민D의 기능.hwp' 준비파일에서 다음과 같이 ❶ 커서를 위치시키고 ❷ [입력] 탭의 ❸ '그림'을 클릭합니다.

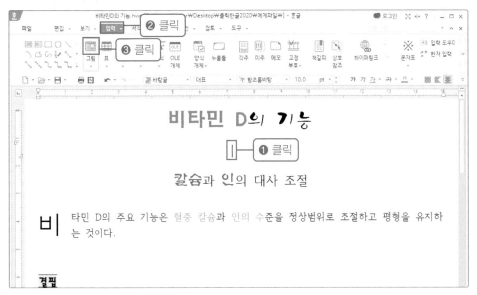

2 [그림 넣기] 대화상자가 나타나면 그림 파일이 있는 폴더를 선택합니다. ❶ '비타민'을 선택한 후 ❷ '문서에 포함'과 '마우스로 크기 지정'에 체크하고 ❸ [열기]를 클릭합니다.

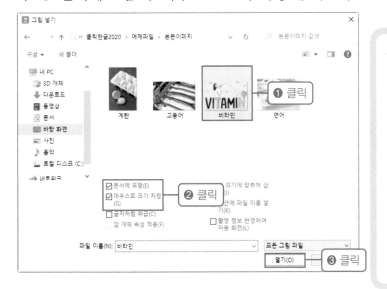

참고하세요

삽입한 그림이 아래처럼 표시된다면 [보기] 탭의 '그림'에 체크를 합니다.

참고하세요

• 문서에 포함 : '문서에 포함'에 체크를 하지 않으면 다른 컴퓨터에서 문서를 열었을 때 그림이 표시되지 않습니다. 꼭 체크해야 합니다.
• 마우스로 크기 지정 : 그림을 드래그하여 삽입하려면 이 항목을 체크해야 합니다.

3 마우스 모양이 '+'로 바뀌면 그림을 드래그하여 다음과 같이 삽입합니다. 그림과 본문의 배치를 바꾸기 위해 ❶ 그림을 클릭한 후 ❷ [그림] 탭의 ❸ '자리 차지'를 선택합니다. 그림을 드래그하여 다음과 같이 배치합니다.

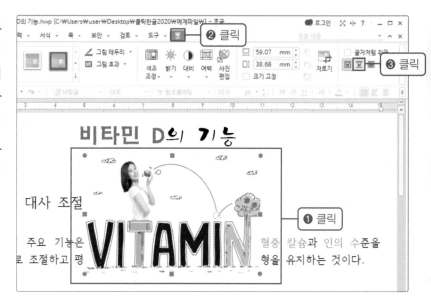

4 ❶ 그림을 클릭한 후 ❷ [그림] 탭에서 '그림 스타일'의 ▼를 클릭하고 ❸ '회색 아래쪽 그림자'를 선택합니다.

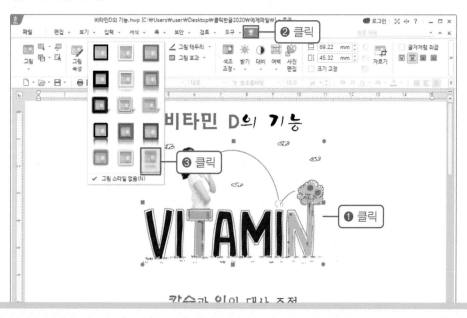

참고하세요

❶ 글자처럼 취급 : 그림을 글자처럼 취급하여 현재 커서 위치에 배치됩니다. 본문의 내용이 수정되면 그림의 위치도 수정됩니다.

❷ 어울림 : 그림의 위치에 따라 텍스트가 그림의 오른쪽 또는 왼쪽에 배치됩니다.

❸ 자리 차지 : 그림의 높이만큼 줄을 차지합니다. 이 항목이 설정되면 그림이 차지하고 있는 영역에는 본문의 내용이 올 수 없습니다.

❹ 글 앞으로 : 그림이 텍스트 앞에 배치됩니다.

❺ 글 뒤로 : 그림이 텍스트 뒤에 배치됩니다.

5 같은 방법으로 '고등어' 파일을 선택하고 마우스 모양이 '+'로 바뀌면 그림을 드래그하여 크기를 조절하면서 삽입합니다.

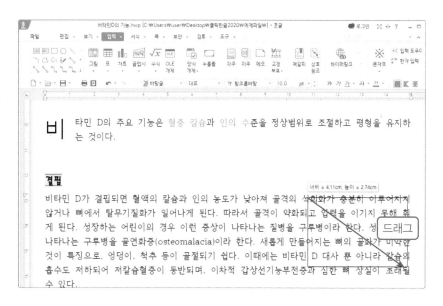

6 그림의 배치를 '어울림'으로 클릭하고 그림에서 불필요한 부분을 잘라내기 위해 ❶ '고등어' 그림을 선택한 후 ❷ [그림] 탭의 ❸ '자르기'를 클릭합니다.

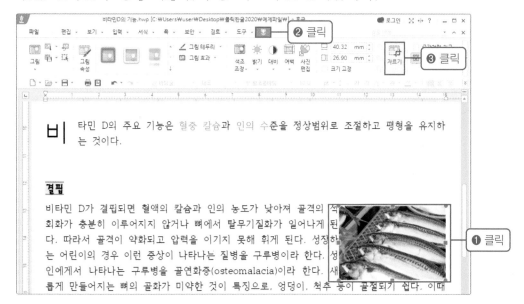

7 그림의 테두리에 조절점이 나타납니다. 마우스 포인터를 조절점에 위치시키고 필요한 부분까지만 드래그하여 영역을 설정하면 그림이 잘립니다.

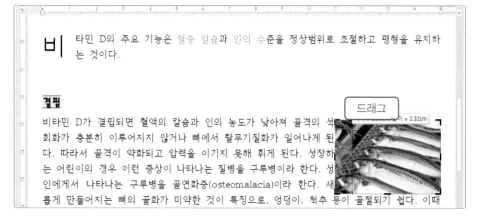

8 ❶ '고등어' 그림을 선택한 후 ❷ [그림] 탭의 ❸ '그림 효과'에서 ❹ '네온'을 클릭한 후 ❺ 다음과 같이 선택합니다.

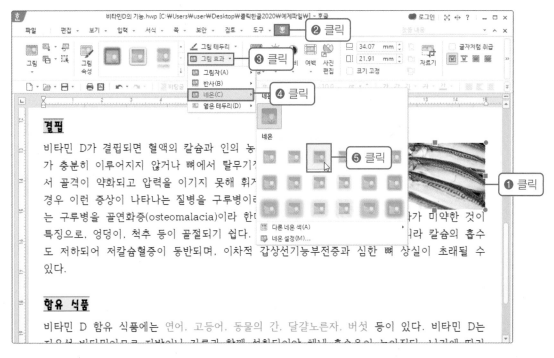

9 ❶ '계란' 그림을 같은 방법으로 삽입하고 배치합니다. ❷ [그림] 탭의 ❸ '그림 효과'에서 ❹ '그림자'를 선택한 후 ❺ '대각선 왼쪽 아래'를 클릭합니다.

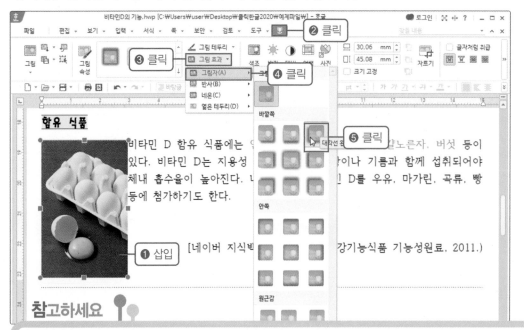

참고하세요

[그림] 또는 [도형]을 하나 이상 삽입했을 때 개체를 앞과 뒤로 정렬할 수 있습니다. 정렬 기능을 이용해도 그림이나 도형이 개체나 글 뒤에 배치되면 '본문과의 배치 : 글 앞으로'로 설정합니다.

그림 속성 설정하기

02

1 ❶ '고등어' 그림을 선택한 후 ❷ [그림] 탭의 ❸ '그림 속성'을 클릭합니다.

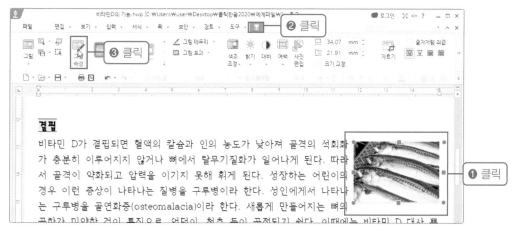

2 [개체 속성] 대화상자가 나타나면 ❶ [여백/캡션] 탭에서 '바깥 여백'의 ❷ '왼쪽'과 '오른쪽'의 여백을 "3"으로 입력한 후 ❸ [설정]을 클릭합니다.

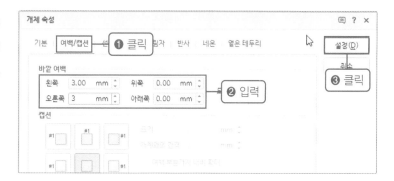

3 ❶ '계란' 그림을 선택한 후 ❷ [그림] 탭에서 ❸ '캡션'의 ▼를 클릭하고 ❹ '아래'를 선택합니다.

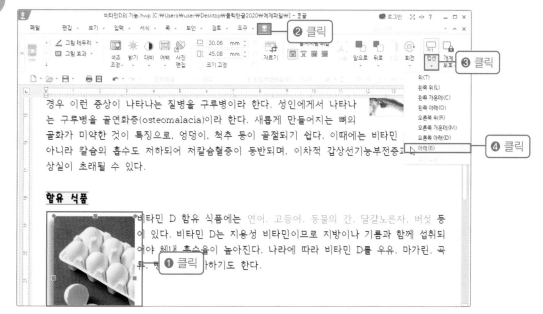

4 그림 아래에 캡션 그림 번호가 자동으로 삽입됩니다. 그림 번호를 삭제하기 위해 ❶ '그림 3'을 드래그한 후 `Delete` 를 눌러 삭제합니다.

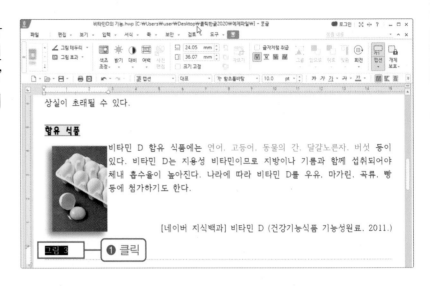

5 ❶ "달걀노른자"를 입력한 후 ❷ 서식 도구 상자에서 '가운데 정렬'을 클릭합니다.

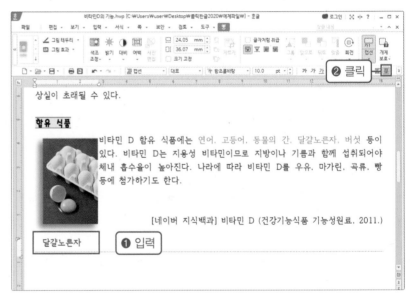

6 그림을 선택한 후 [그림] 탭의 '그림 속성'을 클릭합니다. [개체 속성] 대화상자가 나타나면 ❶ [여백/캡션] 탭에서 '바깥 여백'의 ❷ '왼쪽'과 '위쪽', '오른쪽'과 '아래쪽'의 여백을 모두 "2"로 입력한 후 ❸ [설정]을 클릭합니다.

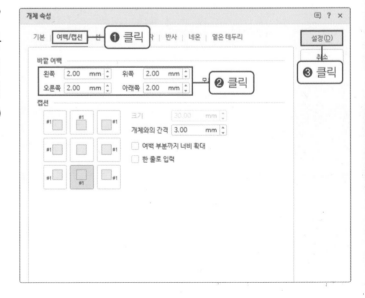

"혼자 풀어 보세요"

1 '공사안내.hwp' 준비파일에서 그림을 삽입하고 그림 배치와 그림 효과를 적용하요. '공사안내완성.hwp'로 저장하세요.

리모델링 공사 안내문

402호에서 인테리어 공사를 진행합니다.
공사 기간 동안 최대한 불편함이 없도록 철저히 관리하여 안전하고 빠른 시일에 끝내도록 하겠습니다. 불편 사항은 아래 연락처러 연락주시기 바랍니다.
양해해 주셔서 감사합니다.

1. 공사 기간 : 5월 6일 ~ 2022년 5월 30일
2. 공사 내용 : 실내 전체 리모델링
3. 소음 심한 날 : 5월 7일. 8일
4. 공사 업체 : 드림인테리어(02-567-1234)

힌트
그림 배치 : 글 위로, 그림자 : 대각선 오른쪽 아래

2 '층간소음.hwp' 준비파일에서 그림을 삽입하고 그림 배치와 그림 효과를 적용하요. '층간소음완성.hwp'로 저장하세요.

층간소음 줄이기 에 티 켓 ‼

우리의 보금자리인 생활공간을 편안하고 쾌적하게 만들기 위해 서로 조금씩 양보하는 배려하여 주시기 바랍니다.

Neighbor & Etiquette

❀ 아이들이 쿵쿵 뛰지 않게 자제해 주세요.

❀ 밤까지 피아노 소리, 애완견 짖는 소리, 음악 소리 등이 전달되지 않도록 조심해 주세요.

❀ 늦은 시간과 이른 시간에 세탁기, 운동 기구, 청소기 사용을 자제해 주세요.

힌트
그림 배치 : 어울림, 반사 : 1/3크기, 근접

포토샵처럼 사진 편집하기

한글 2020에서 간단한 방법으로 사진의 색상 보정과 배경을 투명하게 설정할 수 있고 기울어진 사진의 각도를 조절하여 수평을 맞출 수 있습니다.

➡➡ 사진의 색상을 조절해 봅니다.

➡➡ 배경을 투명하게 설정해 봅니다.

➡➡ 기울어진 사진의 각도를 수평으로 조절해 봅니다.

배울 내용 미리보기 ➕

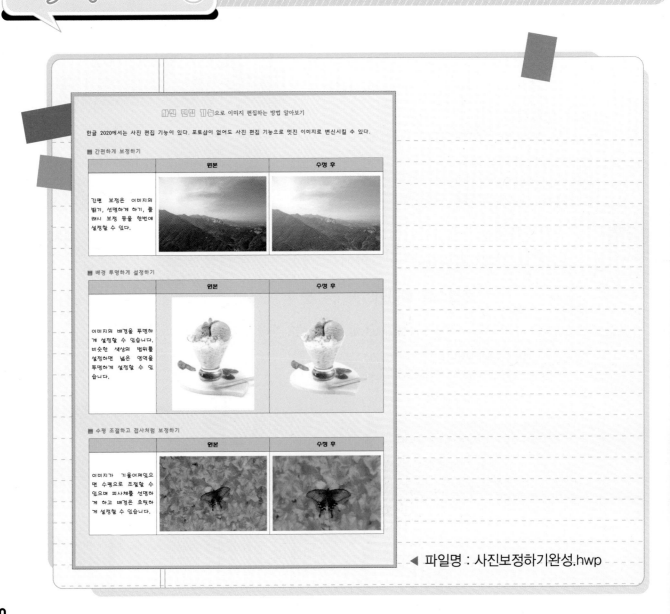

◀ 파일명 : 사진보정하기완성.hwp

01 간편 보정으로 쉽게 색상 보정하기

1 '사진보정하기.hwp' 준비파일에서 ❶ '간편하게 보정하기'의 '수정 후' 그림을 클릭합니다. ❷ [그림] 탭의 ❸ '사진 편집'을 클릭합니다.

2 [사진 편집기] 대화상자가 나타나면 ❶ [간편 보정] 탭에서 ❷ '밝게'를 클릭하고 ❸ 단계를 '3단계'로 선택합니다.

81

3 ❶ '선명하게'를 클릭하고 ❷ 단계를 '4단계'로, ❸ '색상을 풍부하게'를 클릭하여 ❹ 단계를 '4단계'로 선택합니다.

4 ❶ '플래시 보정(노란색)'을 클릭하고 ❷ 단계를 '3단계'로 선택하고 ❸ [적용]을 클릭합니다.

02 사진의 배경을 투명하게 하기

1 ❶ '배경 투명하게 설정하기'의 '수정 후' 그림을 클릭합니다. ❷ [그림] 탭의 ❸ '사진 편집'을 클릭합니다.

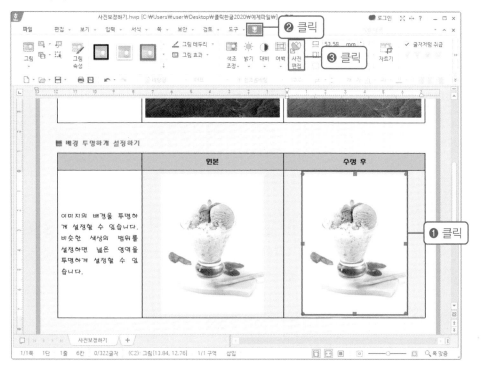

2 [사진 편집기] 대화상자가 나타나면 ❶ [투명 효과] 탭을 클릭하고 ❷ '보정 후' 그림의 순가락 그림자를 클릭합니다.

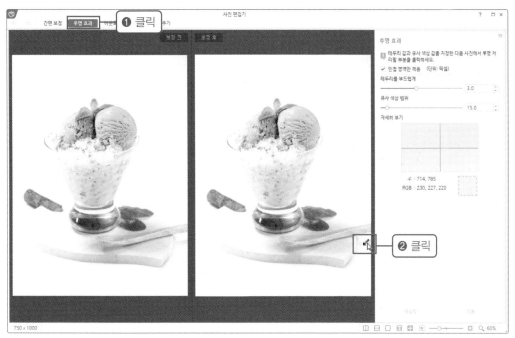

③ 클릭한 부분이 투명하게 변경됩니다. ❶ 오른쪽 '유사 색상 범위'를 "5"로 입력하고 ❷ 나머지 범위를 클릭하면 동일한 색이 투명해 집니다.

④ 다시 한번 오른쪽 ❶ '유사 색상 범위'를 "7"로 입력하고 ❷ 받침대의 밑 부분을 클릭하면 배경이 투명해집니다. 모든 배경이 투명해지면 ❸ [적용]을 클릭합니다.

참고하세요

- 인접 영역만 적용 : 체크하면 선택 영역 근처에 있는 픽셀을 투명하게 설정할 수 있습니다. 옵션을 해제하면 선택된 픽셀과 동일하거나 비슷한 모든 색을 제거하여 투명하게 설정합니다.
- 테두리를 부드럽게 : 투명하게 적용할 테두리를 부드럽게 설정할 수 있으며 7단계까지 조절할 수 있습니다.
- 유사 색상 범위 : 투명하게 적용할 유사 색상 범위를 0에서 255 사이로 설정할 수 있습니다. 값이 낮을수록 제거할 범위가 세밀하게 선택됩니다.

03 수평 조절하고 접사처럼 보정하기

1 ❶ '수평 조절하고 접사처럼 보정하기'의 '수정 후' 그림을 클릭하고 ❷ [그림] 탭의 ❸ '사진 편집'을 클릭합니다.

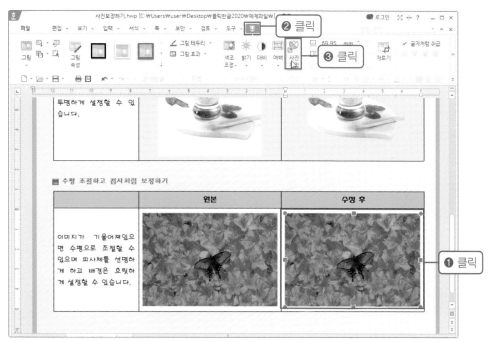

2 [사진 편집기] 대화상자가 나타나면 ❶ [아웃포커싱 효과] 탭의 포커스 모양을 ❷ '타원'으로 선택하고 나비를 클릭합니다. ❸ 포커스의 크기를 "37", 흐림 강도는 "4"로 입력하여 흐림을 설정하고 ❹ [적용]을 클릭합니다. 포커스의 위치는 드래그하여 조절할 수 있습니다.

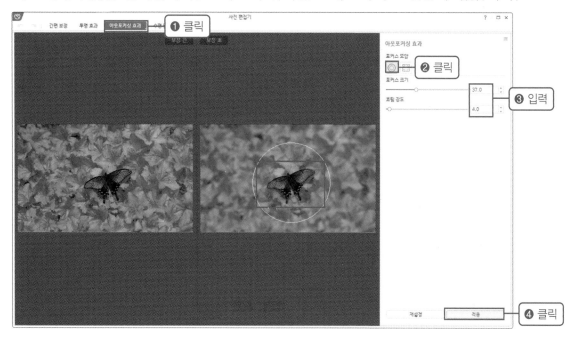

③ 나비의 수평을 맞추기 위해 ❶ '수평 조절하고 접사처럼 보정하기'의 '수정 후' 그림을 클릭하고
❷ [그림] 탭의 ❸ '사진 편집'을 클릭합니다.

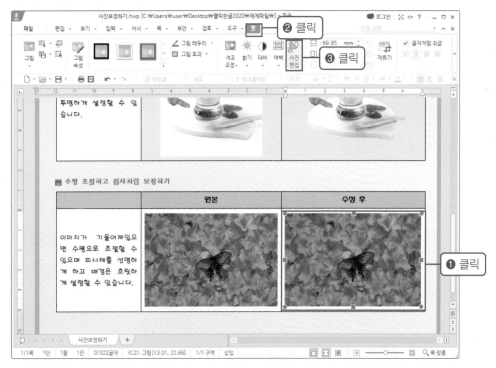

④ ❶ [수평 맞추기] 탭을 클릭하고 수평의 값을 조절하기 위해 숫자 값 ❷ '0'에 마우스 포인트를
위치시킵니다. 마우스 포인터를 위, 아래로 드래그하여 수평을 맞추고 ❸ [적용]을 클릭합니다.
여기서는 17로 설정하였습니다.

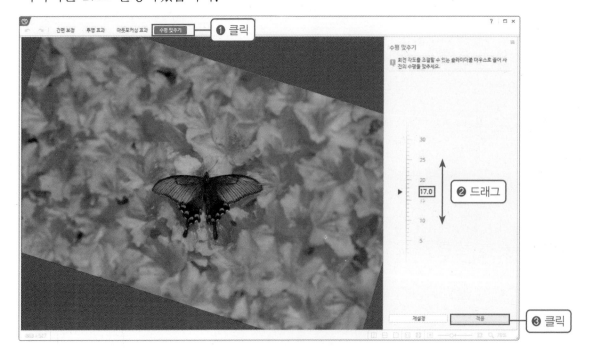

"혼자 풀어 보세요"

1 '사진편집.hwp' 준비파일에서 '풍차'의 사진 색상을 보정하세요.

2 '사진편집.hwp' 준비파일에서 '등대'의 수평과 포커스를 조절하고 '사진편집완성.hwp'로 저장하세요.

12 글상자 활용하기

가로, 세로 글상자를 활용하여 그림이나 도형 위에 텍스트를 입력할 수 있고, 도형의 속성을 활용하여 글상자를 꾸밀 수 있습니다.

➡➡ 글상자를 삽입하여 정렬하고 글상자를 꾸며봅니다.

배울 내용 미리보기 ⊕

나래문화센터 신규 강좌 개설 안내

4월 15일 나래문화센터에서 새로운 강좌가 개설됩니다.
선착순 마감이오니 신청서 작성 후 문화센터 접수처에 신청하여 주시기 바랍니다.

유연성 최고~ 키즈 발레

균형에 최고!
성인 필라테스

선착순 마감!!!!
★수강 인원 : 15명
★수강 신청 방법 : 문화센터 방문 후 신청서 작성
★문의 : 나래문화센터(☎ 02-123-4567)

▲ 파일명 : 문화센터완성.hwp

01 글상자 삽입하기

① '문화센터.hwp' 준비파일에서 ❶ [입력] 탭의 ❷ '가로 글상자'를 클릭한 후 다음과 같이 ❸ 대각선 방향으로 드래그하여 글상자를 삽입합니다.

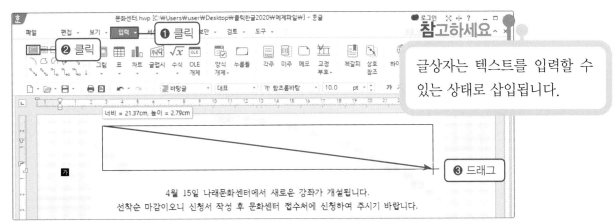

참고하세요
글상자는 텍스트를 입력할 수 있는 상태로 삽입됩니다.

② 글상자가 삽입되면 글상자 안에 커서가 깜박입니다. 텍스트를 입력한 후 '글꼴'과 '글자 색'을 임의로 설정하고, '가운데 정렬'로 정렬합니다.

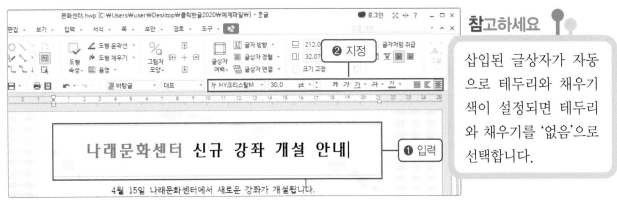

참고하세요
삽입된 글상자가 자동으로 테두리와 채우기 색이 설정되면 테두리와 채우기를 '없음'으로 선택합니다.

③ [입력] 탭의 ❶ '가로 글상자'를 클릭한 후 ❷ 그림 하단에 드래그하여 글상자를 삽입합니다.

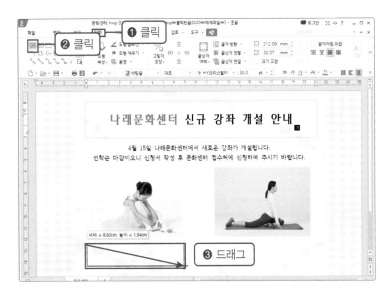

④ 글상자에 다음과 같이 텍스트를 입력한 후 텍스트를 블록으로 설정하고 '글꼴'과 '글자색'을 임의로 설정하고 '가운데 정렬'로 정렬합니다.

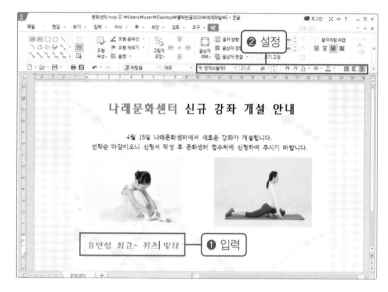

⑤ ❶ 왼쪽의 글상자를 선택한 후 ❷ Ctrl + Shift 를 누르고 오른쪽으로 드래그하여 수평 복사를 합니다.

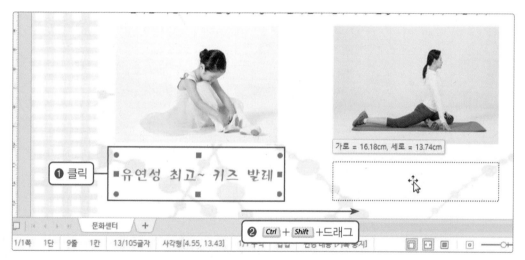

⑥ 복사된 '가로 글상자'의 내용을 다음과 같이 수정합니다.

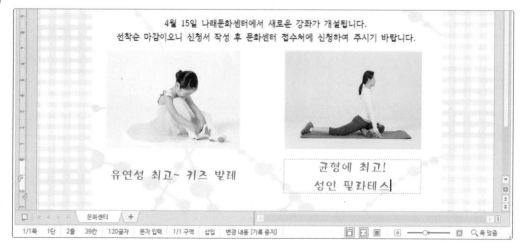

⑦ [입력] 탭의 ❶ '가로 글상자'를 클릭한 후 ❷ 드래그하여 글상자를 삽입하고 내용을 다음과 같이 입력합니다.

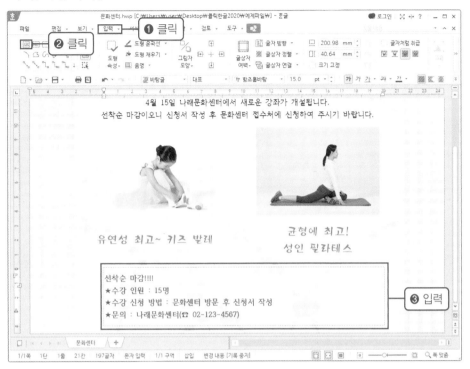

⑧ ❶ '가로 글상자'를 선택하고 ❷ [도형] 탭에서 '도형 채우기'의 ▼를 클릭하여 ❸ 임의의 색을 선택합니다. 글상자도 도형의 속성과 같이 '윤곽선', '채우기' 등을 편집할 수 있습니다.

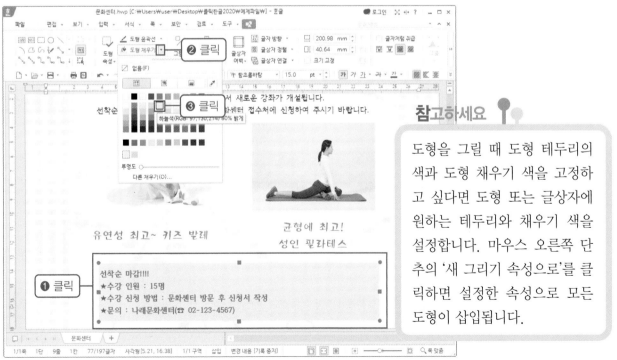

참고하세요

도형을 그릴 때 도형 테두리의 색과 도형 채우기 색을 고정하고 싶다면 도형 또는 글상자에 원하는 테두리와 채우기 색을 설정합니다. 마우스 오른쪽 단추의 '새 그리기 속성으로'를 클릭하면 설정한 속성으로 모든 도형이 삽입됩니다.

"혼자 풀어 보세요"

1 그림과 가로 글상자를 이용하여 다음과 같이 작성한 후 '불고기.hwp'로 저장하세요.

2 그림과 세로 글상자를 이용하여 다음과 같이 작성한 후 '서예.hwp'로 저장하세요.

힌트
세로 글상자 삽입

3 도형과 가로 글상자를 이용하여 다음과 같이 작성한 후 '성공.hwp'로 저장하세요.

4 그림과 가로 글상자를 이용하여 다음과 같이 작성한 후 '마카롱.hwp'로 저장하세요.

13 도형 삽입하고 속성 변경하기

다양한 모양의 도형을 삽입하고 도형의 속성을 설정하여 문서를 작성할 수 있습니다. 그리기 조각을 삽입하여 멋진 문서를 작성할 수 있습니다.

➡➡ 도형을 삽입하고 도형의 속성을 변경해 봅니다.
➡➡ 그리기 조각으로 다양한 도혀을 삽입해 봅니다.

배울 내용 미리보기 ➕

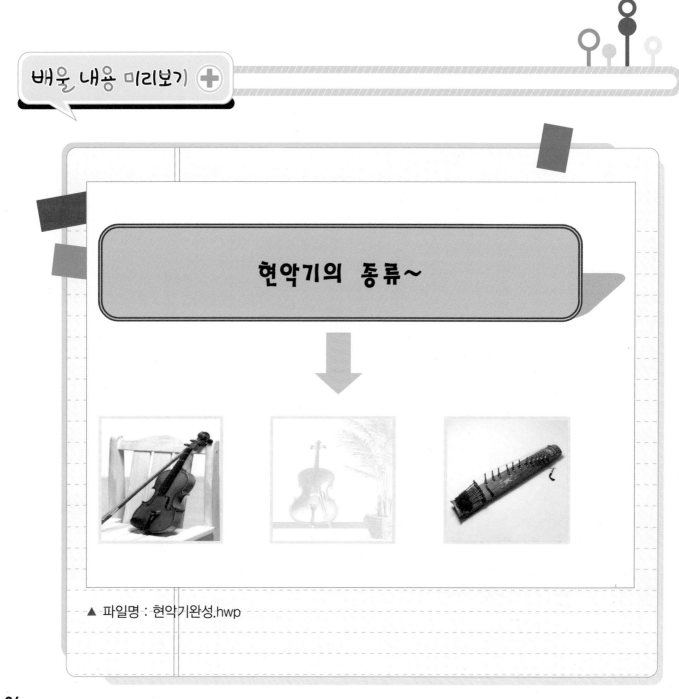

▲ 파일명 : 현악기완성.hwp

01 도형 삽입하고 글자 넣기

1 ❶ [입력] 탭의 ❷ '도형' 목록에서 '직사각형'을 선택한 후 ❸ 마우스 모양이 '+'로 바뀌면 드래그하여 도형을 삽입합니다.

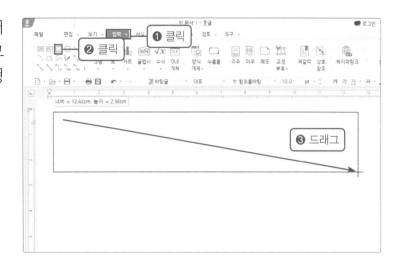

2 ❶ 도형을 클릭하고 ❷ [도형] 탭에서 ❸ '도형 윤곽선'의 ▼를 클릭하고 ❹ '색'을 '보라'로 설정합니다. ❺ '선 굵기'를 클릭한 후 ❻ '선의 굵기'를 '0.25mm'로 선택합니다.

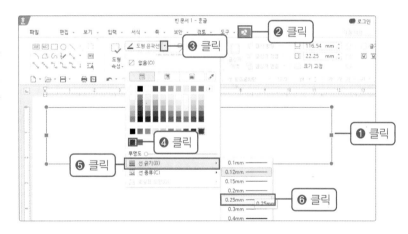

3 ❶ '선 종류'를 클릭한 후 ❷ '이중 실선'을 선택합니다.

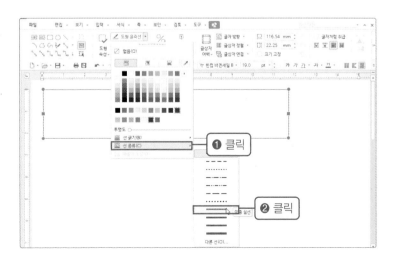

④ ❶ '도형 채우기'의 ▼를 클릭하고 ❷ '색'을 '하늘색'으로 선택합니다.

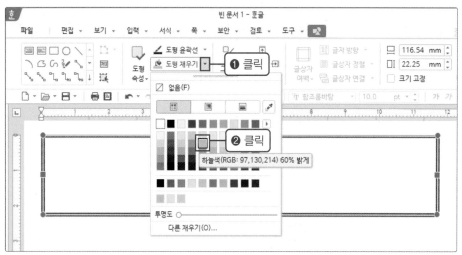

⑤ 도형에 그림자를 적용하기 위해 ❶ 도형을 클릭하고 ❷ '그림자 모양'의 ▼를 클릭하여 ❸ '오른쪽 뒤'를 선택합니다.

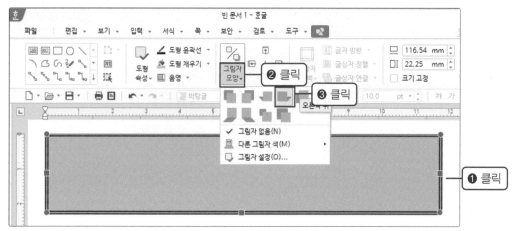

⑥ ❶ 도형을 클릭하고 ❷ 마우스 오른쪽 단추를 눌러 '도형 안에 글자 넣기'를 클릭합니다.

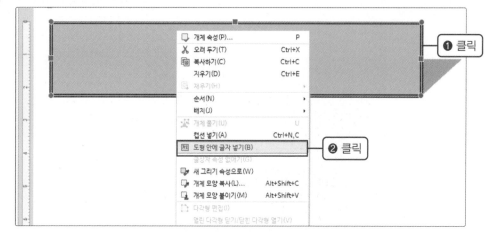

7 커서가 나타나면 ❶ 텍스트를 입력하고 ❷ 글꼴을 수정하고 '가운데 정렬'로 설정합니다. 도형의 선 모양을 변경하기 위해 도형이 선택된 상태에서 ❸ '도형 속성'을 더블클릭합니다.

8 [개체 속성] 대화상자가 나타나면 ❶ [선] 탭의 ❷ '사각형 모서리 곡률'에서 '둥근 모양'을 선택한 후 ❸ [설정]을 클릭합니다.

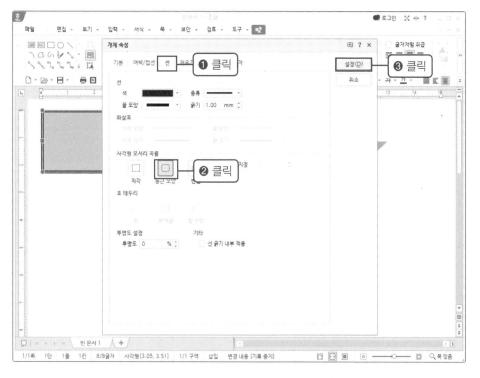

02 여러 도형 삽입하고 속성 변경하기

1 다른 모양의 도형을 삽입하기 위해 ❶[입력] 탭의 '도형' 목록에서 ❷'자세히'를 클릭한 후 ❸'다른 그리기 조각'을 선택합니다.

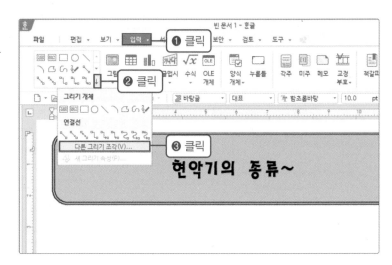

2 [그리기마당] 대화상자가 나타나면 ❶[그리기 조각] 탭에서 ❷'블록화살표'의 ❸'아래쪽 화살표'를 선택하고 ❹[넣기]를 클릭합니다.

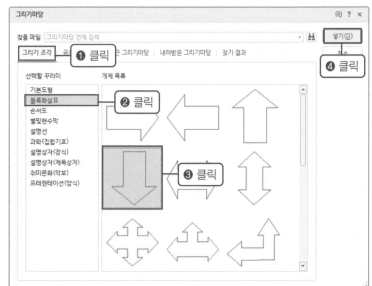

3 마우스 포인트가 '+' 모양이 되면 드래그하여 다음과 같이 도형을 삽입합니다. 삽입한 도형의 도형 윤곽선과 도형 채우기로 다음과 같이 임의의 색으로 지정합니다.

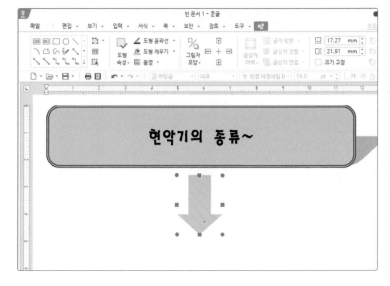

4 ❶'도형' 목록에서 '직사각형'을 선택하고 **Shift** 를 누른 채 하단에서 드래그하여 삽입합니다. 삽입한 도형의 윤곽선과 채우기는 다음과 같이 임의의 색으로 지정합니다.

> **참고하세요**
>
> **Shift** 를 누른 채 드래그하면 정원 또는 정사각형을 만들 수 있습니다.

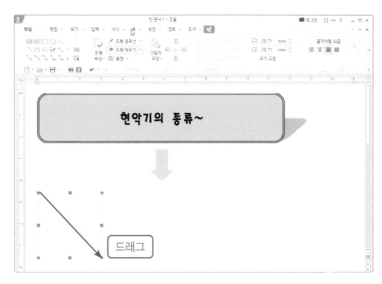

5 ❶ 삽입한 직사각형 도형을 선택한 후 ❷ [도형] 탭을 클릭하고 ❸ '도형 채우기'의 ▼를 클릭하여 ❹ '다른 채우기'를 선택합니다.

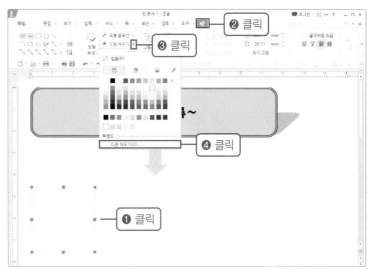

6 [개체 속성] 대화상자의 ❶ [채우기] 탭에서 ❷ '그림'에 체크 표시합니다. ❸ '그림 선택'을 클릭하여 [그림 넣기] 대화상자가 나타나면 ❹ '바이올린.jpg' 파일을 선택한 후 ❺ [열기]를 클릭합니다. ❻ '문서에 포함'이 체크되어 있는지 확인한 후 ❼ [설정]을 클릭합니다.

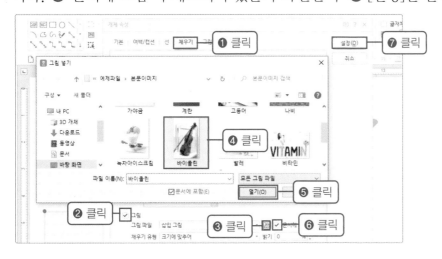

7 ❶ 도형을 선택한 후 Ctrl + Shift 를 누른 채로 오른쪽으로 드래그하여 다음과 같이 두 개를 복사합니다

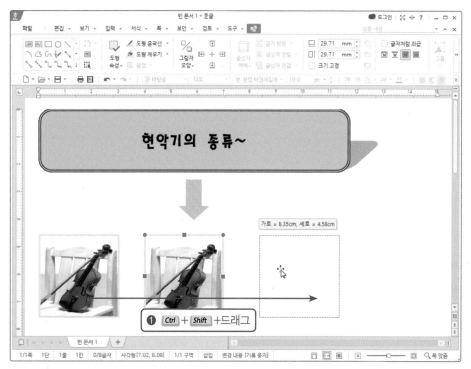

8 ❶ 첫 번째 사각형 도형을 선택하고 Shift 를 누른 채로 두 도형을 클릭하여 선택합니다. ❷ [도형] 탭에서 ❸ '맞춤'을 클릭하여 ❹ '가로 간격을 동일하게'를 선택합니다.

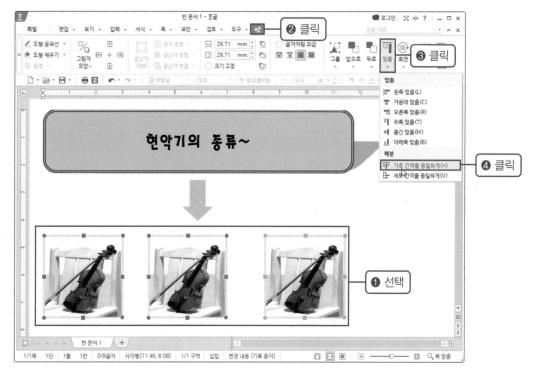

9 두 번째 사각형을 더블클릭하여 [개체 속성] 대화상자가 나타나면 ❶ 같은 방법으로 그림(첼로.jpg)을 삽입합니다. 두 번째 그림은 ❷ '워터마크 효과'를 선택한 후 ❸ [설정]을 클릭합니다.

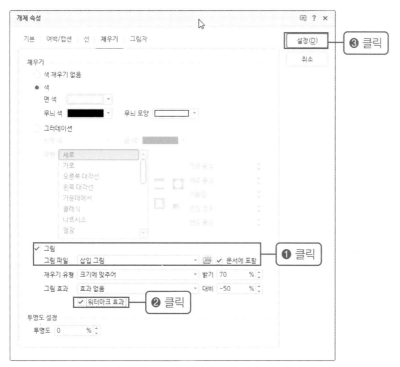

10 같은 방법으로 세 번째 도형에도 그림(가야금.jpg)을 삽입하여 완성합니다.

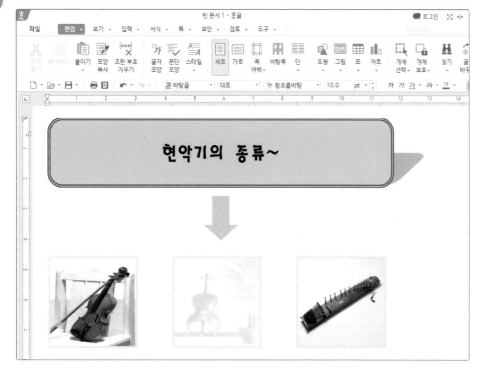

"혼자 풀어 보세요"

1 '타원' 도형으로 다음과 같이 문서를 만들고 '육회비빔밥.hwp'로 저장하세요.

2 도형을 이용하여 다음과 같이 문서를 만들고 '달리기.hwp'로 저장하세요.

3 '다각형'으로 다음과 같이 문서를 만들고 '디저트쿠폰.hwp'로 저장하세요.

4 '타원'을 이용하여 다음과 같이 문서를 만들고 '사은품.hwp'로 저장하세요.

힌트

도형 : 원
원 도형 채우기 : 그림 채우기

14 글맵시 삽입하기

글맵시는 도형과 같이 하나의 개체이기 때문에 텍스트 모양과 채우기 색을 설정할 수 있으며 크기 조절과 위치를 설정할 수 있습니다.

➤➤ 글맵시를 삽입해 봅니다.
➤➤ 글맵시의 모양을 변경해 봅니다.

배울 내용 미리보기 ➕

 식목일~ 우리 모두 나무를 심어요

2022년 4월 3일 우리 나래 문화센터에서는 지구온난화에 따른 기온 상승과 건조한 날씨로 인한 산불 발생 등으로 산을 보호하고 푸른 지구를 지키기 위해 나무 심기 행사를 진행하기로 했습니다. 묘목을 무료로 분양하여 심을 수 있으니 많은 참여 부탁드립니다. 심고 싶은 "나의 나무"가 있다면 가져와서 심을 수 있습니다.

♣ 행사 일정 : 2022년 4월 3일 나래 문화센터 뒷산
♣ 문의 : 나래 문화센터(☎ : 032-123-7890)

▲ 파일명 : 나무심기완성.hwp

1 새 문서를 불러와 ❶ [입력] 탭의 ❷ '글맵시'를 클릭합니다.

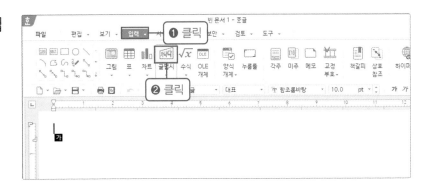

2 [글맵시 만들기] 대화상자가 나타나면 ❶ '내용'에 "식목일~"을 입력하고 ❷ '글맵시 모양'을 ❸ '위로 넓은 원형'을 선택합니다. ❹ '글꼴'을 'MD아트체'로 선택한 후 ❺ [설정]을 클릭합니다.

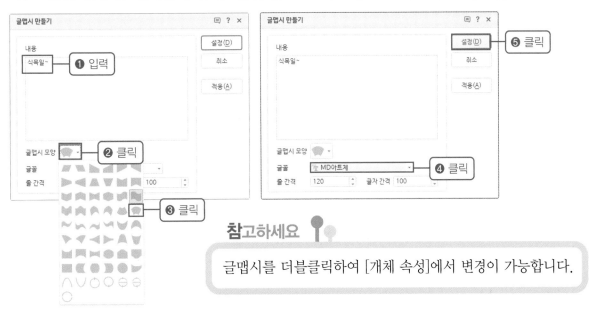

참고하세요

글맵시를 더블클릭하여 [개체 속성]에서 변경이 가능합니다.

3 글맵시가 삽입되면 테두리의 사각점을 드래그하여 크기를 조절합니다. ❶ [글맵시] 탭에서 '글맵시 윤곽선'의 ▼를 클릭하여 '초록'을 선택하고 ❷ '글맵시 채우기'의 ▼를 클릭하여 ❸ '색'을 '밝은 연두색'으로 선택합니다.

참고하세요

그림으로 채우려면 [다른 채우기]에서 '그림'을 선택합니다.

4 ❶ [입력] 탭에서 ❷ '글맵시'의 ▼를 클릭하여 ❸ '채우기–연두색 그라데이션'을 선택합니다.

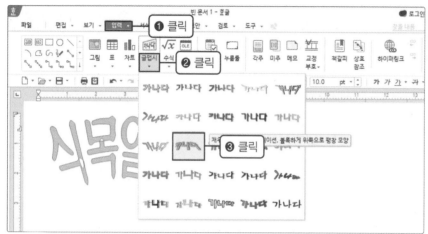

5 [글맵시 만들기] 대화상자가 나타나면 ❶ '내용'에 "우리 모두 나무를 심어요"를 입력한 후 ❷ 글맵시 모양과 글꼴을 다음과 같이 설정하고 ❸ [설정]을 클릭합니다.

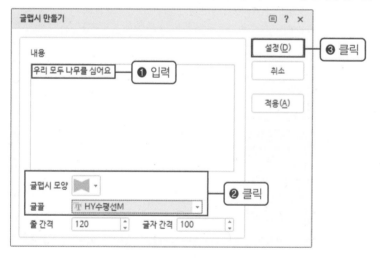

6 글맵시를 선택하여 위치를 다음과 같이 이동하고 ❶ 모서리의 조절점을 이용해 크기를 조절합니다.

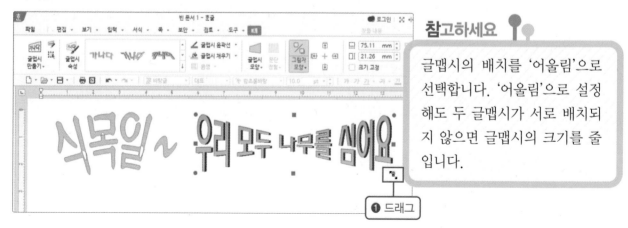

참고하세요

글맵시의 배치를 '어울림'으로 선택합니다. '어울림'으로 설정해도 두 글맵시가 서로 배치되지 않으면 글맵시의 크기를 줄입니다.

02 글맵시 모양 변경하기

1 입력된 글맵시의 모양을 바꾸기 위해 글맵시를 선택한 후 ❶ [글맵시] 탭의 ❷ '글맵시 모양'을 클릭한 후 ❸ '물결 1'을 선택합니다.

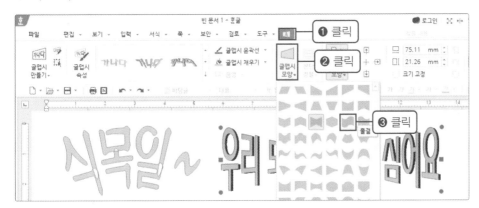

2 두 글맵시를 선택하고 [글맵시] 탭의 ❶ 그룹을 클릭하여 ❷ '개체 묶기'를 선택합니다.

3 글맵시를 '가운데 정렬'하고 다음과 같이 내용을 입력합니다.

"혼자 풀어 보세요"

1 글맵시와 그림을 이용하여 다음과 같이 문서를 작성하고 '여름과일.hwp'로 저장하세요.

❶ 여름 과일은 어떤 것이 있을까요?

❷ **수박 포도 참외**

시원한 과즙으로
이뇨작용에도 좋다.

비타민과 유기산이
풍부하여 과일의 여
왕이다.

여름이 제철인 과일
입니다. 아삭한 과육
과 달콤한 과즙이
일품이다.

힌트
❶ 글맵시
  • 글맵시 : 갈매기형
    수장
  • 글꼴 : HY바다L
❷ 글맵시
  • 글맵시 : 직사각형
  • 글꼴 : HY강B
  • 글맵시를 선택하고
    글맵시 채우기 : 다
    른 채우기 - 그림

2 글맵시와 그림을 이용하여 다음과 같이 문서를 작성하고 '분리수거.hwp'로 저장하세요.

힌트
  • 글맵시 : 위쪽 원호
  • 글꼴 : HY산B
  • 글맵시 : 본문과의 배치
    는 '글 앞으로'

"혼자 풀어 보세요"

3 글맵시와 그림을 이용하여 다음과 같이 문서를 작성하고 '스마트폰중독.hwp'로 저장하세요.

힌트
- 글맵시 : 손톱 모양
- 글꼴 : HY강B,
- 그림의 본문과의 배치 : '글 앞으로'

스마트폰에 지나치게 몰두를 말한다. 스마트폰 사얻고 소셜네트워크서비사회적 교류를 한다. 이상을 받는다. 이 같은 과

입해 통제할 수 없는 상태 용자는 기기를 통해 정보를 스(SNS)로 다른 사람들과 를 통해 즐거움과 같은 보 정이 반복되면 무의식적으

로 스마트폰을 보는 행동이 습관으로 바뀌고 중독된다. 스마트폰에 지나치게 몰입해 다른 것에 집중하지 못하고 한시도 스마트폰에서 벗어나지 못하는 상태다. 길을 걸으면서 스마트폰에서 눈을 떼지 못하는 스몸비족은 스마트폰 중독일 가능성이 높다.

[네이버 지식백과] 스마트폰 중독 (한경 경제용어사전)

4 글맵시와 그림, 글상자를 이용하여 다음과 같이 문서를 작성하고 '우리가족.hwp'로 저장하세요.

❶ 우리 가족을 소개합니다.

아리집 고양이 ❷ **아리집 고양이**

힌트
❶ 글맵시
- 글맵시 : 글맵시 이미지 꾸러미의 채우기 – 어두운 노란색 그라데이션 왼쪽으로 팽창 모양, 수축 모양

❷ 글맵시
- 글맵시 : 글맵시 이미지 꾸러미의 채우기 – 주황색 그라데이션 역등변사 다리꼴 모양, 두줄 원형
- 글꼴 : HY견고딕
- 원형 : Shift +드래그
- 도형 채우기 : 다른 색 채우기 – 그림

15 표로 달력 만들기

표를 삽입하여 내용을 요약하고 달력도 만들 수 있습니다. 또한 표 안에 그림을 삽입하여 문서를 작성할 수 있습니다.

➡➡ 표를 삽입하고 스타일을 적용해 봅니다.

➡➡ 표 안의 글자 위치를 조절해 봅니다.

➡➡ 셀 안에 그림을 삽입해 봅니다.

배울 내용 미리보기 ➕

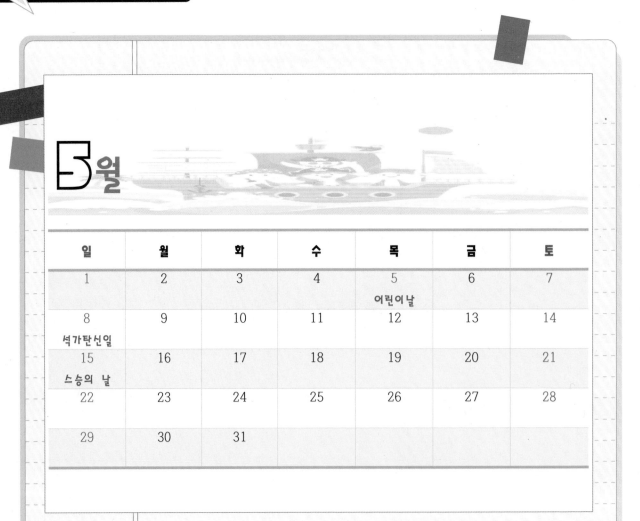

일	월	화	수	목	금	토
1	2	3	4	5 어린이날	6	7
8 석가탄신일	9	10	11	12	13	14
15 스승의 날	16	17	18	19	20	21
22	23	24	25	26	27	28
29	30	31				

▲ 파일명 : 달력완성.hwp

01 표 삽입과 스타일 설정하기

1 '달력.hwp' 준비파일에서 ❶ [입력] 탭의 ❷ [표]를 클릭합니다. [표 만들기] 대화상자가 나타나면 ❸ 줄 개수에 "5", 칸 개수에 "7"을 입력하고 ❹ '글자처럼 취급'에 체크한 다음 ❺ [만들기]를 클릭합니다.

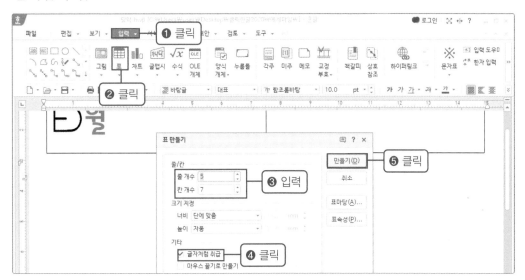

2 마우스로 표 안 전체를 드래그하여 블록으로 설정하고 **Ctrl** + **↓**를 눌러 다음과 같이 줄의 높이를 조절합니다.

3 다음과 같이 첫 번째 줄에 요일을 입력하고 가운데 정렬과 글꼴, 글자 색을 설정합니다.

일	월	화	수	목	금	토

4 두 번째 줄에 다음과 같이 ❶ 1부터 3까지 입력한 후 1부터 마지막 셀까지 블록으로 설정하고 가운데 정렬로 정렬합니다. 마우스 오른쪽 단추를 눌러 ❷ '채우기' – ❸ '표 자동 채우기'를 클릭합니다.

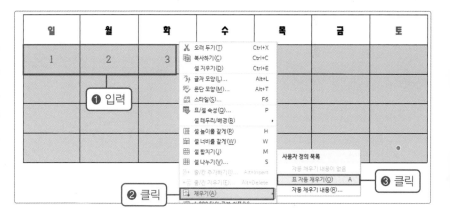

5 ❶ 마지막 줄의 임의의 셀을 클릭하고 ❷ [표 레이아웃] 탭의 ❸ '아래에 줄 추가하기'를 클릭하여 줄을 추가하고 나머지 날짜를 입력합니다.

6 ❶ 표 전체를 블록으로 설정하고 ❷ [표 디자인] 탭의 '자세히' 단추를 클릭하여 ❸ '밝은 스타일 1-노란 색조'를 선택합니다.

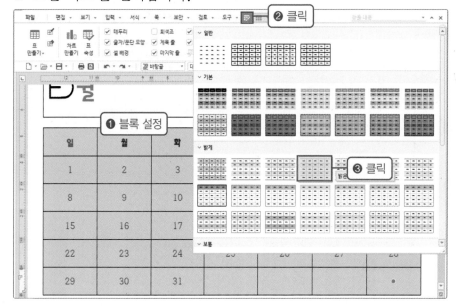

02 셀 안의 글자 위치 조절하기

1 ① 날짜 셀의 전체를 블록으로 설정하고 ② [표 디자인] 탭의 ③ '표 속성'을 클릭합니다.

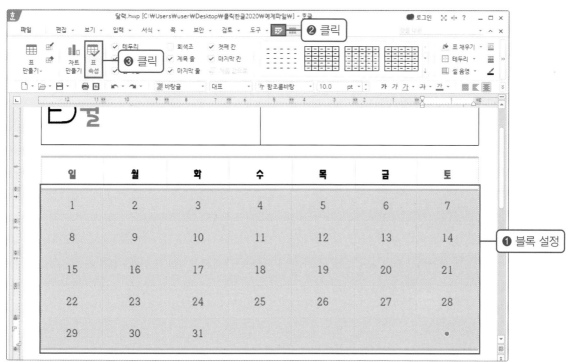

2 [표/셀 속성] 대화상자에서 ① [셀] 탭의 속성 항목에 ② 세로 정렬을 '위'로 선택하고 ③ [설정]을 클릭합니다.

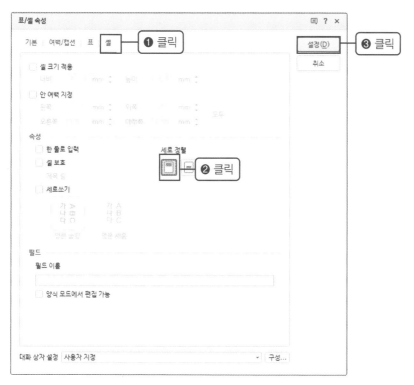

③ 각 날짜의 특이 사항을 입력하기 위해 숫자 뒤에 커서를 위치시킨 후 ⌜Enter⌟ 를 누르고 내용을 입력합니다.

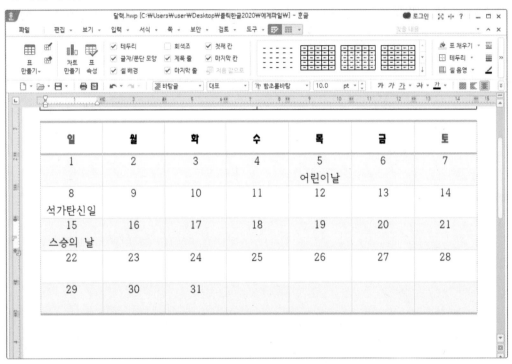

④ 셀 안의 글꼴과 글자 크기, 글자 색을 임의로 지정합니다.

03 셀 테두리 변경하기

① 다음과 같이 표 안을 드래그하여 블록으로 설정하고 ❶ [표 레이아웃] 탭의 ▼를 클릭하여 ❷ '셀 테두리/배경' – ❸ '각 셀마다 적용'을 선택합니다.

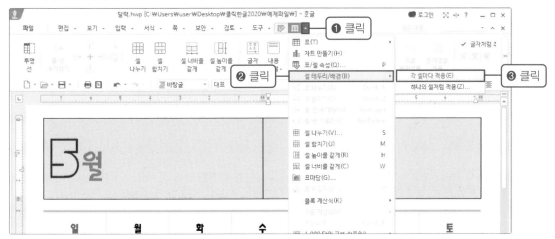

② [셀 테두리/배경] 대화상자에서 ❶ [테두리] 탭의 테두리 항목에 종류를 ❷ '없음'으로 선택합니다. 테두리 영역을 선택하기 위해 미리보기에 ❸ '모두'를 선택하고 ❹ [설정]을 클릭합니다.

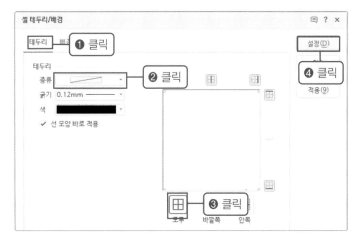

③ 블록이 설정되어 있는 상태에서 ❶ [표 레이아웃] 탭의 ❷ '셀 합치기'를 클릭하여 하나의 셀로 설정합니다.

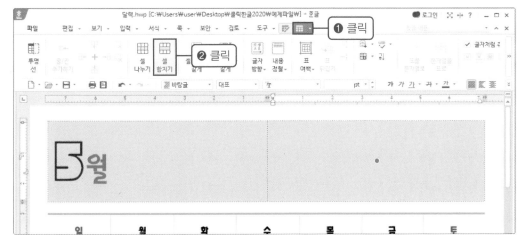

① 다음과 같이 표 안을 드래그하여 블록으로 설정하고 ❶ [표 레이아웃] 탭의 ▼를 클릭하여 ❷ '셀 테두리/배경' – ❸ '각 셀마다 적용'을 선택합니다.

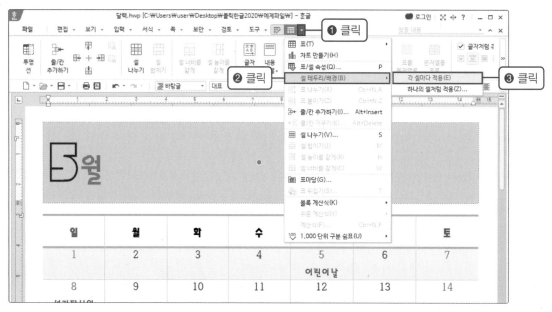

② [셀 테두리/배경] 대화상자에서 ❶ [배경] 탭의 ❷ '그림' 항목에 체크 표시하고 ❸ [그림 넣기]를 클릭합니다.

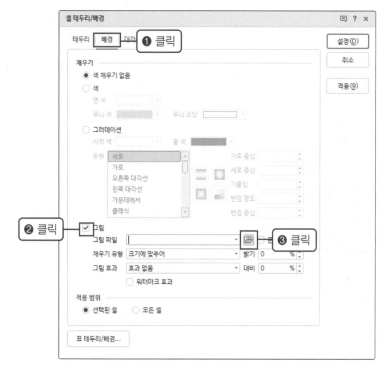

③ [그림 넣기] 대화상자에서 ❶ '어린이날'을 선택하고 ❷ [열기]를 클릭합니다.

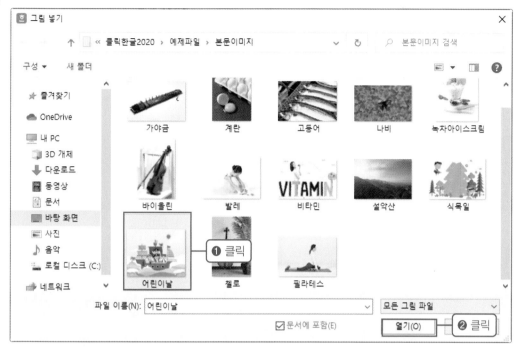

④ ❶ 밝기를 "60", 대비를 "-60"으로 입력한 후 ❷ [설정]을 클릭하여 완성합니다.

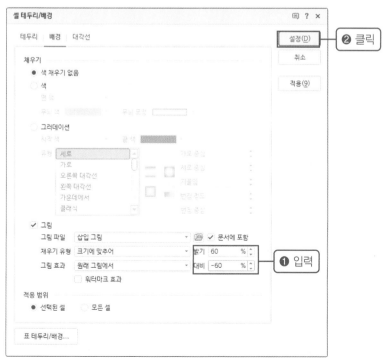

"혼자 풀어 보세요"

1 다음과 같이 표를 만들고 '안전교육체험관.hwp'로 저장하세요.

지역	이름	사이트
서울	광나루 안전체험관	https://safe119.daegu.go.kr
	전쟁기념관 비상대비체험관	https://www.warmemo.or.kr
대구	대구 시민안전테마파크	https://safe119.daegu.go.kr
부산	스포원파크 재난안전체험관	http://www.spol.or.kr
강원	365세이프타운	http://www.365safetown.com

2 다음과 같이 표를 만들고 '여름학교시간표.hwp'로 저장하세요.

여름학교시간표

시간		월	화	수	목	금
08:50		등교				
09:00 ~ 12:10	택1	영어 캠프				
		요리 교실				
		우리역사 교실				
		태권도				
		예체능교실(놀이체육+창의미술)				
12:10 ~ 12:50		점심 식사				
12:50 ~ 13:00		하교				

3 다음과 같이 표를 만들고 '용돈기입장.hwp'로 저장하세요.

용돈 기입장

날짜	사용내역	수입	지출	잔액
03월 01일	2월 용돈	50,000		50,000
03월 05일	다빈이 생일 선물		8,000	42,000
03월 07일	간식		2,000	40,000

4 다음과 같이 표를 만들고 '체육영재교육.hwp'로 저장하세요.

한국체육대학교 체육영재교육

■ 운영기간 : 2022. 07. 01. ~ 2022. 10. 15.

■ 운영요일 : 화요일, 목요일

▶ 화요일

시간	프로그램내용	지도자	훈련 / 교육 장소
16시~18시	고학년 전문실기 훈련 프로그램	한국체육대학교 전문실기 지도교수	실내트랙, 수영장, 체조장

▶ 목요일

시간	프로그램내용	지도자	훈련 / 교육 장소
09시~12시	전문실기 훈련 (육상, 수영, 체조)	한국체육대학교 전문실기 지도교수	대운동장, 수영장, 체조장
12시~13시	점심시간	-	-
13시~14시	코디네이션 프로그램, 글로벌리더 양성교육	관련교육 전문가	멀티어학실습실, 다목적실습실

차트로 데이터 비교하기

차트는 수치화되어 있는 내용을 요약·정리할 수 있으며 다양한 차트 종류를 삽입하여 가독성을 높일 수 있습니다.

➡➡ 차트를 삽입하고 스타일을 변경해 봅니다.
➡➡ 차트의 데이터를 수정하고 종류를 변경해 봅니다.

 배울 내용 미리보기 ➕

관리비 월별 그래프

항목	12월	1월	2월	합계
전기비	49400	34720	29150	113,270
세대수도	16230	14260	15470	45,960
난방비	15000	20320	26270	61,590

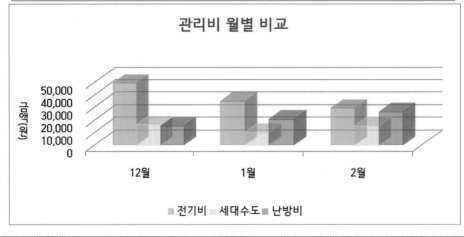

▲ 파일명 : 관리비완성.hwp

01 차트 삽입하고 스타일 변경하기

1 '관리비.hwp' 준비파일에서 ❶ 차트로 만들 데이터를 블록으로 설정합니다. ❷ [표 디자인] 탭의 ❸ '차트 만들기'를 클릭합니다.

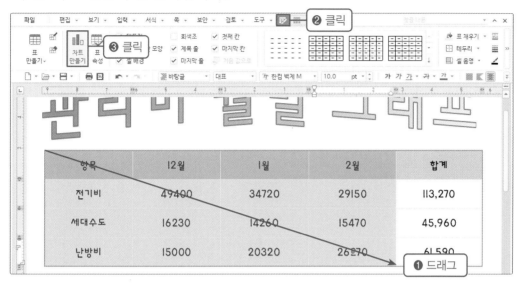

2 [차트 데이터 편집] 대화상자가 나타나면 오른쪽 상단의 ❶ '닫기'를 클릭하여 창을 닫습니다.

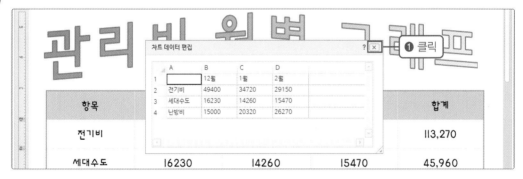

3 차트가 삽입되면 차트의 모서리를 선택하고 마우스로 드래그하여 차트 크기를 조절합니다.

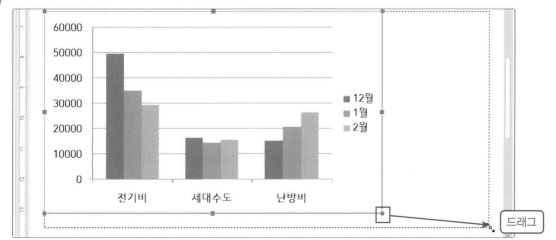

④ ❶ '차트'를 클릭한 후 ❷ [차트 디자인] 탭의 ❸ '차트 레이아웃'을 클릭하여 ❹ '레이아웃 6'을 선택합니다.

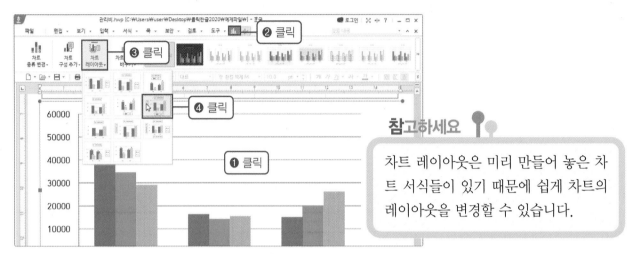

참고하세요

차트 레이아웃은 미리 만들어 놓은 차트 서식들이 있기 때문에 쉽게 차트의 레이아웃을 변경할 수 있습니다.

⑤ 차트가 선택된 상태에서 ❶ [차트 디자인] 탭의 ❷ '차트 계열색 바꾸기'를 클릭하여 ❸ '색3'을 선택합니다.

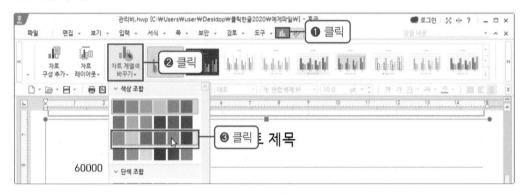

⑥ ❶ [차트 디자인] 탭의 ❷ '차트 스타일'을 클릭하여 '스타일8'을 선택합니다.

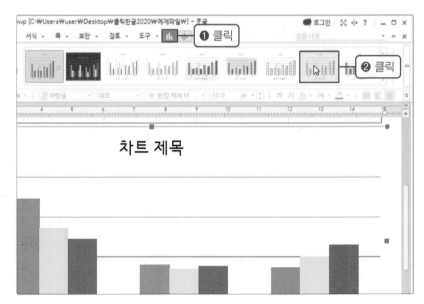

02 차트 속성 설정하기

1 차트 제목을 수정하기 위해 ❶ '차트 제목'을 클릭한 후 마우스 오른쪽 단추를 눌러 ❷ '제목 편집'을 클릭합니다.

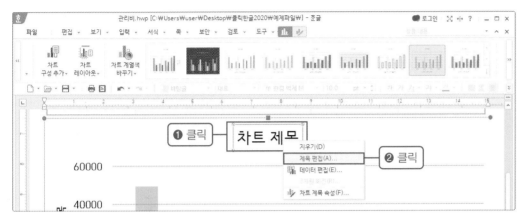

2 [차트 글자 모양] 대화상자가 나타나면 ❶ '글자 내용'을 "관리비 월별 비교"로 입력하고 ❷ '진하게'와 ❸ '글자 색'을 '보라'로 선택한 후 ❹ [설정]을 클릭합니다.

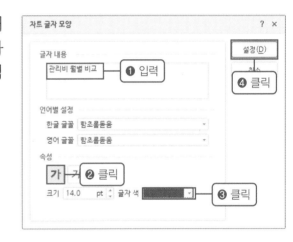

3 ❶ '축 제목'을 선택한 후 마우스 오른쪽 단추를 눌러 ❷ '제목 편집'을 클릭합니다. ❸ [차트 글자 모양] 대화상자에서 '글자 내용'을 "금액(원)"으로 입력한 후 ❹ [설정]을 클릭합니다.

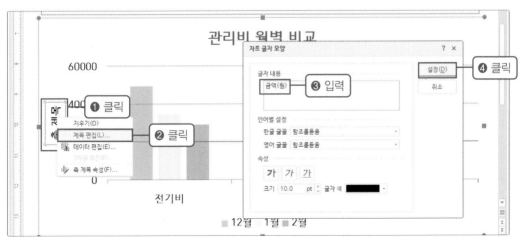

④ ❶ 축 제목인 '금액(원)'을 클릭하고 ❷ [차트 서식] 탭의 ❸ '글자 속성'을 클릭합니다. 오른쪽에 나타난 '개체 속성' 창에서 ❹ '크기 및 속성'의 ❺ '글자 방향'을 '세로'로 선택합니다.

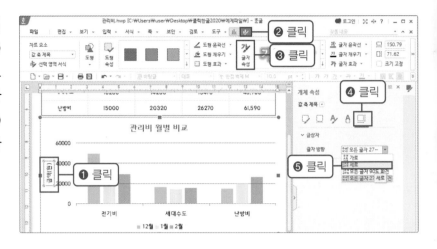

⑤ 세로 축 값을 수정하기 위해 ❶ '세로 축' 값을 선택하고 '개체 속성' 창에서 ❷ '축 속성'의 ❸ '주 단위'를 "10000"으로 입력합니다.

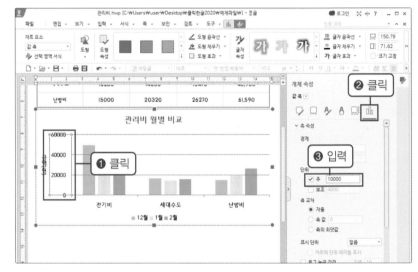

⑥ '표시 형식'에서 ❶ 범주를 '숫자'로, ❷ '1000단위 구분기호(,) 사용'에 체크하고 ❸ '작업 창 닫기'를 클릭합니다.

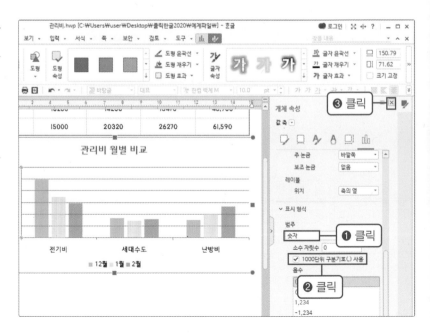

03 차트 데이터 편집하고 차트 종류 변경하기

1 차트를 선택하고 [차트 디자인] 탭의 '차트 데이터 편집'을 클릭합니다. [차트 데이터 편집] 대화 상자에서 1월의 세대수도의 셀을 클릭한 후 "10080"으로 입력하고 '닫기'를 클릭합니다.

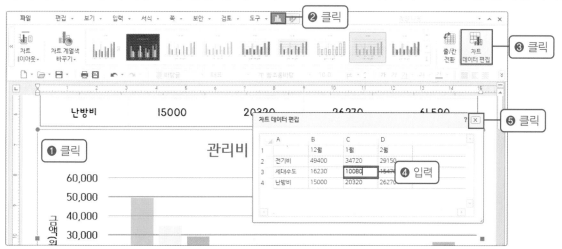

2 차트를 선택한 후 [차트 디자인] 탭의 '줄/칸 전환'을 클릭합니다.

3 차트를 선택한 후 [차트 디자인] 탭의 '차 트 종류 변경'을 클릭하고 '3차원 묶은 세 로 막대형'을 선택합니다.

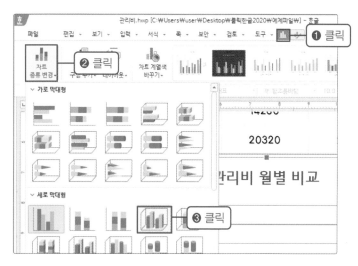

"혼자 풀어 보세요"

1 표를 작성한 후 차트를 삽입하고 '과목통계.hwp'로 저장하세요.

초등학생이 가장 어려워하는 과목

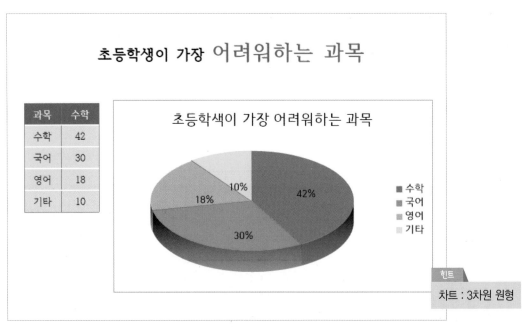

과목	수학
수학	42
국어	30
영어	18
기타	10

힌트
차트 : 3차원 원형

2 표를 작성한 후 차트를 삽입하고 '방과후현황.hwp'로 저장하세요.

강사명	강좌명	모집인원	수강인원
김다경	창의미술	50	49
구도경	요가	35	35
시희경	창의논술	40	30
박철영	건강축구	20	20

힌트
차트 : 막대그래프, 차트 레이아웃11
차트 구성요소 추가 : 차트제목
차트 계열색 : 색3

"혼자 풀어 보세요"

3 표를 작성한 후 차트를 삽입하고 '수출유치현황.hwp'로 저장하세요.

연도별 수출 유지 현황

구분	2017년	2018년	2019년	2020년
대만	9,940	8,190	6,820	5,370
상하이	9,340	8,950	8,390	7,470
홍콩	11,760	10,240	9,470	8,890

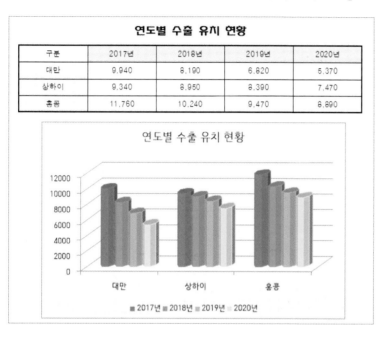

4 표를 작성한 후 차트를 삽입하고 '사이트통계.hwp'로 저장하세요.

웹 접근성 품질마크 인증 사이트 통계

구분	2016년	2017년	2018년	2019년
신청 사이트 수	40	123	579	434
인증 사이트 수	15	44	96	150

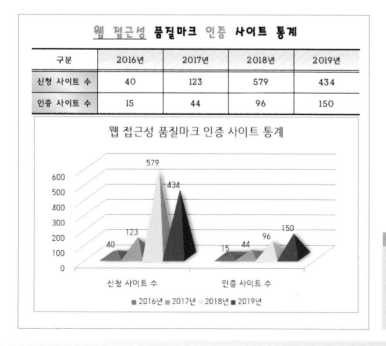

> **힌트**
> 차트 : 피라미드형 묶은 세로 막대형
> 범례 : 아래쪽
> 차트 계열색 : 색 4
> 차트 스타일 : 스타일 9

17 바탕쪽으로 엽서 만들기

문서를 용도에 맞게 용지 방향과 출력 방향 및 여백을 설정할 수 있습니다. 바탕쪽을 이용해 문서에 그림과 글상자를 삽입하고 고정시킬 수 있습니다.

➤➤ 쪽 테두리를 설정해 봅니다.

➤➤ 바탕쪽을 설정해 봅니다.

배울 내용 미리보기 ➕

▲ 파일명 : 엽서완성.hwp

01 쪽 테두리와 배경 설정하기

새 문서를 불러와 화면보기 방식에서 '쪽 윤곽'을 활성화합니다. [쪽] 탭의 [편집 용지]를 클릭하거나 **F7**를 누릅니다. ❶ [편집 용지] 대화상자에서 '용지 종류'는 'B5(46배판) [182×257mm]'로 선택한 후 ❷ 용지 방향은 '가로', ❸ 용지 여백은 '위쪽·왼쪽·오른쪽·아래쪽'의 여백을 '25mm', '머리말·꼬리말'의 여백을 '15mm'로 입력한 후 ❹ [설정]을 클릭합니다.

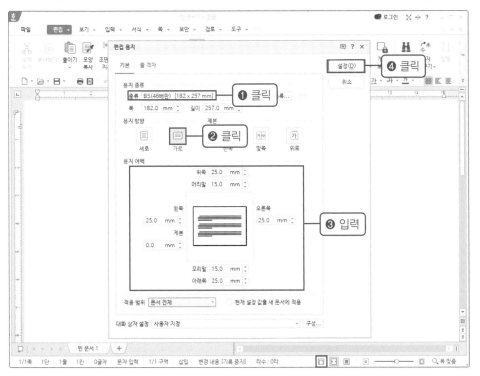

❶ [쪽] 탭의 ❷ '쪽 테두리/배경'을 클릭합니다. [쪽 테두리/배경] 대화상자가 나타나면 ❸ [테두리] 탭에서 '테두리 종류'와 '굵기', '색'을 지정하고 ❹ '모두'를 클릭한 후 ❺ '위치'를 '종이 기준'을 선택한 후 ❻ [설정]을 클릭합니다.

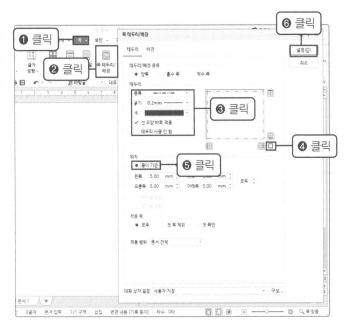

1 ❶ [쪽] 탭의 ❷ '바탕쪽'을 클릭합니다. ❸ [바탕쪽] 대화상자에서 '양쪽'을 선택한 후 ❹ [만들기]를 클릭합니다.

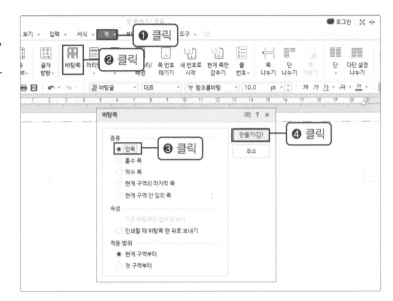

2 ❶ [입력] 탭에서 '도형' 목록의 ❷ '직선'을 선택하여 문서 가운데에 삽입하고 ❸ '선 종류'에서 ❹ '점선'을 선택합니다.

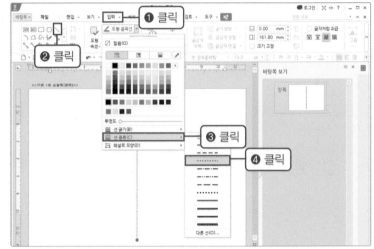

3 '바탕쪽' 창에서 ❶ [입력] 탭의 ❷ '그림'을 클릭합니다. [그림 넣기] 대화상자에서 ❸ '카네이션'을 선택하고 ❹ [열기]를 클릭합니다.

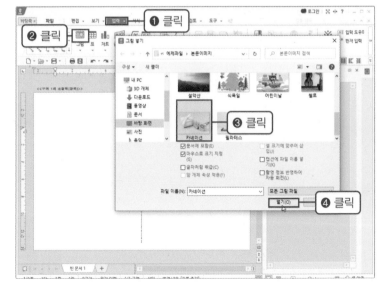

4 마우스로 드래그하여 다음과 같이 그림을 삽입합니다.

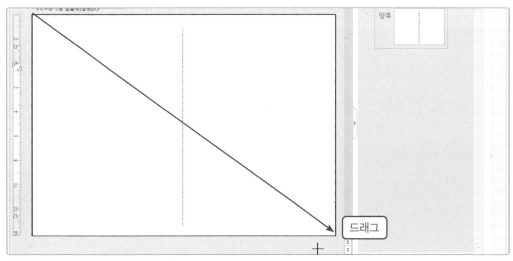

5 ❶ [그림] 탭의 ❷ 밝기를 클릭하여 ❸ '밝기 10'을 선택합니다.

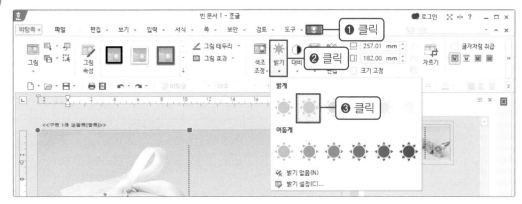

6 ❶ 직사각형 도형과 가로 글상자를 삽입하여 다음과 같이 입력하고 바탕쪽의 ❷ [닫기]를 클릭합니다.

03 문단 테두리에 줄 삽입하기

1 왼쪽에 가로 글상자를 다음과 같이 삽입하고 도형 윤곽선과 도형 채우기는 '없음'으로 선택합니다. ❶ [서식] 탭의 ❷ '문단 모양'을 클릭합니다. [문단 모양] 대화상자에서 ❸ [기본] 탭의 ❹ 문단 위 간격을 "7"로 입력합니다.

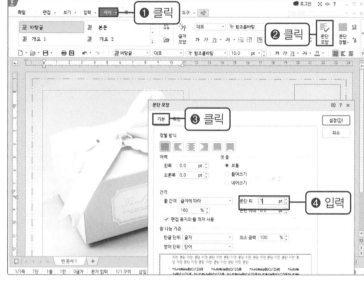

2 ❶ [테두리/배경] 탭에서 ❷ 테두리의 종류와 색을 설정하고 ❸ 미리보기에서 '아래'를 선택하고 ❹ [설정]을 클릭합니다.

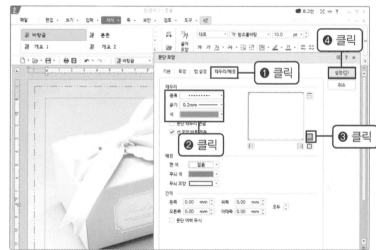

3 Enter 를 계속 눌러 줄을 삽입하고 엽서에 다음과 같이 글을 입력하고 글꼴과 글자 색을 임의로 지정합니다. 오른쪽에 도형을 삽입하여 주소와 우편번호를 만들어 완성합니다.

"혼자 풀어 보세요"

1 다음과 같이 문서를 작성한 후 '편지지.hwp'로 저장하세요.

[조건] • 편집 용지 : B5(46배판) [182×257 mm], 상하좌우 여백 : 10mm 머리말/꼬리말 : 0mm
  • 쪽 테두리/배경 : 배경 – 그림으로 채우기(편지지.jpg)
  • 가로 글상자 : 문단 모양 – 테두리

2 다음과 같이 문서를 작성한 후 '연하장.hwp'로 저장하세요.

  • 편집 용지 : B5(46배판) [182×257 mm], 상하좌우 여백 : 10mm 머리말/꼬리말 : 0mm
  • 바탕쪽 : 그림 삽입(연하장.jpg)
  • 가로 글상자

18

다단 설정하기

다단은 문서를 여러 단으로 나누어 많은 내용을 읽기 쉽고 정돈된 문서를 만들 수 있습니다.

➤➤ 단을 설정해 봅니다.

➤➤ 다단에 그림을 삽입해 봅니다.

배울 내용 미리보기 ✚

<나래소식 2022.3>

따뜻한 나래의 봄~ 우리의 이야기

진달래꽃 만개했어요

나래 뒷동산에 분홍색 진달래꽃이 만개했습니다. 아직 겨울이 봄을 시기하여
춥지만 뒷동산은 진달래꽃으로 아름다운 봄이 시작되었습니다.
춥다고 움크리지 말고 우리 모두 뒷동산으로 산책 가보는 것은 어떨까요?
분홍색 진달래꽃이 당신을 기다리고 있습니다. 분홍색을 보며 얼어붙었던 마음도
녹이고 진달래꽃과 사진을 찍으며 추억을 만들어 보세요.

나눔장터가 열려요

3월 30일 나래 어린이 공원에서 나눔장터가 열립니다.
나누고 싶은 물건, 필요한 물건 등을 나눔장터에서 나누고 찾아보세요.
맛있고 다양한 먹거리와 공연도 있습니다.

▲ 파일명 : 우리동네소식완성.hwp

01 단 설정하기

1 '우리동네소식.hwp' 준비파일에서 ❶ 다단을 만들 부분을 블록으로 설정하고 ❷ [쪽] 탭에서 ❸ '단'의 ▼를 눌러 ❹ '다단 설정'을 클릭합니다.

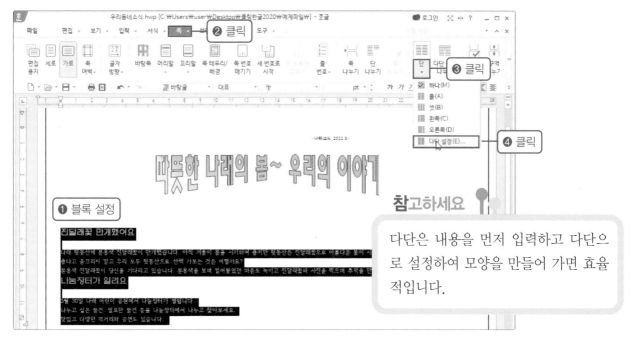

참고하세요

다단은 내용을 먼저 입력하고 다단으로 설정하여 모양을 만들어 가면 효율적입니다.

2 [단 설정] 대화상자에서 ❶ 자주 쓰이는 모양을 '둘', ❷ '구분선 넣기'에 체크 표시를 하고 종류는 '점선', 굵기는 '0.2mm', 색을 지정하고 ❸ [설정]을 클릭합니다.

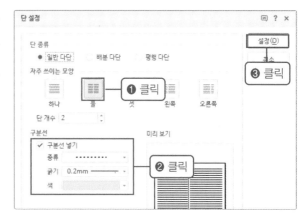

3 블록 설정한 부분의 단이 둘로 설정되었습니다.

02 이미지 삽입하기

1 ❶ 첫 번째 단 제목 밑에 마우스 커서를 위치시키고 ❷ [입력] 탭의 ❸ '그림'을 클릭합니다. [그림 넣기] 대화상자에서 ❹ '진달래꽃'을 선택하고 ❺ '글자처럼 취급'에 체크하고 ❻ [열기]를 클릭합니다.

2 개체가 삽입되었습니다. 마우스로 드래그하여 크기를 조절합니다.

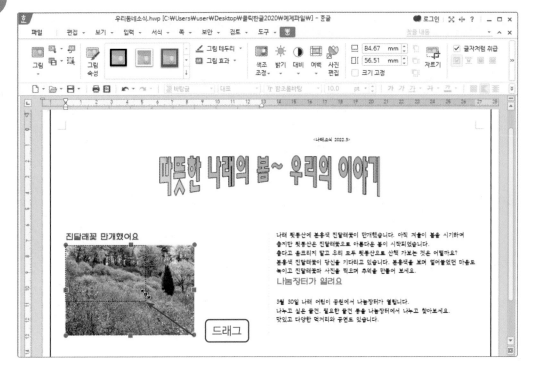

3 같은 방법으로 '나눔장터' 이미지도 삽입하여 크기를 조절합니다.

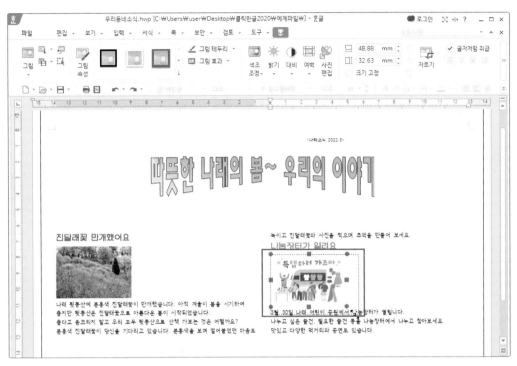

4 ❶ 이미지를 모두 선택하고 ❷ [그림] 탭의 그림 스타일 목록에서 ❸ '옅은 테두리 반사'를 클릭하여 완성합니다.

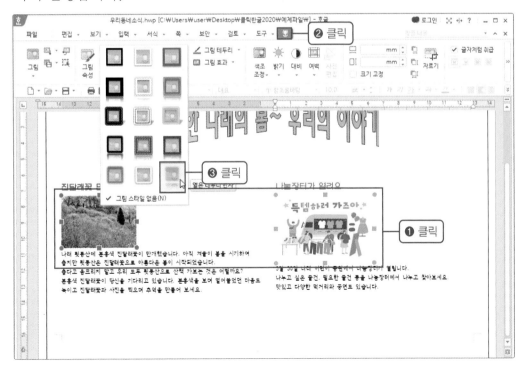

"혼자 풀어 보세요"

'맛있는레시피.hwp' 준비파일에서 다음과 같이 문서를 작성해 보세요.

국물 떡볶기 만들기

◐ 재료
- ▶ 떡볶기떡 2컵(320g)
- ▶ 사각어묵(1장), 대파(약간)

◐ 양념장
- ▶ 고운 고춧가루 1.2
- ▶ 간장 2T
- ▶ 고추장 2T
- ▶ 올리고당 3T

◐ 만드는 순서
① 그릇에 고운 고춧가루, 간장, 고추장, 올리고당을 섞어줍니다.
② 떡은 물에 데쳐 찬물에 헹궈주세요.(말랑할 정도로)
③ 어묵은 길쭉하게 썰고, 대파는 송송 썰어주세요.
④ 냄비에 물(2컵 정도)에 양념장을 풀어주세요.
⑤ 냄비에 떡을 넣고 중간 불로 끓여주세요.
⑥ 국물이 약간 걸쭉해지면 어묵과 대파를 넣고 조금 더 끓여 마무리 합니다.

떡꼬치 만들기

◐ 재료
- ▶ 떡볶기떡 16개(250g)
- ▶ 검은깨 약간, 식용류 5컵, 꼬치 4개

◐ 양념장
칠리소스 2T
고추장 1T
물엿 1T

◐ 만드는 순서
① 그릇에 양념 재료를 넣고 골고루 썩으세요
② 꼬치에 떡볶기 떡을 4개씩 꽂으세요.
③ 냄비에 식용류를 넣고 온도를 160℃로 올려 떡꼬치를 넣고 노릇하게 튀기세요.
④ 튀긴 떡꼬치를 치킨타월에 올려 기름기를 제거한 후에 앞뒤로 양념을 바르고 검은깨를 뿌리면 맛있는 떡꼬치가 완성됩니다.

힌트
그림의 배치 : 글 뒤로

2 '서울산책코스.hwp' 준비파일에서 다음과 같이 문서를 작성해 보세요.

서울에서 가 볼만한 곳

낙산공원

흥인지문에서 혜화문까지 이어지는 한양도성의 성곽길을 따라 이어진 공원으로 밤이 되면 도심의 반짝이는 불빛과 도성길에 들어오는 조명이 어우러져 멋진 야경을 볼 수 있습니다.

노을공원

상암동에 위치한 노을공원!! 서울의 노을이 가장 예쁘게 보인다는 노을공원! 산책로를 걷다 보면 카페에서 음료를 사서 벤치에서 마시고 전기차로 나무들과 꽃도 구경할 수 있습니다.

덕수궁

서울 시청이 바로 길 건너에 있고 초고층 건물들이 즐비하여 서울 도심 한복판 사이에 덕구숭 궁길의 운치가 묘한 느낌을 줍니다. 덕수궁 주변에는 서울시립박물관, 전통전망대, 덕수궁 돌담길이 있습니다.

삼청동

북촌 한옥마을과 함께 편안하게 산책할 수 있습니다. 삼청동 골목길에는 소소한 벽화와 멋진 카페가 있어 산책과 데이트 코스로 유명합니다.

청계천

서울의 종로구와 중구의 경계를 흐르는 하천으로 밤에는 하천 주위로 멋진 조명이 하천을 비추고 야시장, 불빛 축제 등의 구경거리가 많습니다.

힌트

- [글맵시]는 '자리차지'로 배치합니다.
- 단 구분선 넣기 : 일점 쇄선, 두께 – 0.12mm

19 주석 삽입하기

문서에 주석으로 설명글을 표시하고 머리말과 꼬리말, 쪽 번호를 삽입할 수 있습니다.

➡➡ 머리말과 꼬리말을 설정해 봅니다.

➡➡ 각주와 쪽 번호를 삽입해 봅니다.

배울 내용 미리보기 ➕

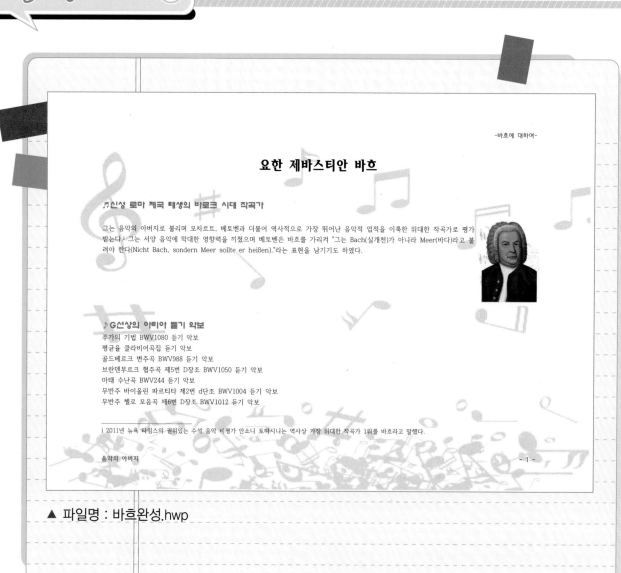

-바흐에 대하여-

요한 제바스티안 바흐

♫신성 로마 제국 태생의 바로크 시대 작곡가

그는 음악의 아버지로 불리며 모차르트, 베토벤과 더불어 역사적으로 가장 뛰어난 음악적 업적을 이룩한 위대한 작곡가로 평가 받는다. 그는 서양 음악에 막대한 영향력을 끼쳤으며 베토벤은 바흐를 가리켜 "그는 Bach(실개천)가 아니라 Meer(바다)라고 불러야 한다(Nicht Bach, sondern Meer sollte er heißen)."라는 표현을 남기기도 하였다.

♪ G선상의 아리아 듣기 악보
푸가의 기법 BWV1080 듣기 악보
평균율 클라비어곡집 듣기 악보
골드베르크 변주곡 BWV988 듣기 악보
브란덴부르크 협주곡 제5번 D장조 BWV1050 듣기 악보
마태 수난곡 BWV244 듣기 악보
무반주 바이올린 파르티타 제2번 d단조 BWV1004 듣기 악보
무반주 첼로 모음곡 제6번 D장조 BWV1012 듣기 악보

i 2011년 뉴욕 타임스의 권위있는 수석 음악 비평가 안소니 토마시니는 역사상 가장 위대한 작곡가 1위를 바흐라고 말했다.

음악의 아버지   - 1 -

▲ 파일명 : 바흐완성.hwp

01 머리말과 꼬리말 삽입하기

1 '바흐.hwp' 준비파일에서 ❶ [쪽] 탭의 ❷ '머리말'을 클릭합니다. ❸ '위쪽'의 ❹ '양쪽'을 선택한 후 ❺ '(모양 없음)'을 클릭합니다.

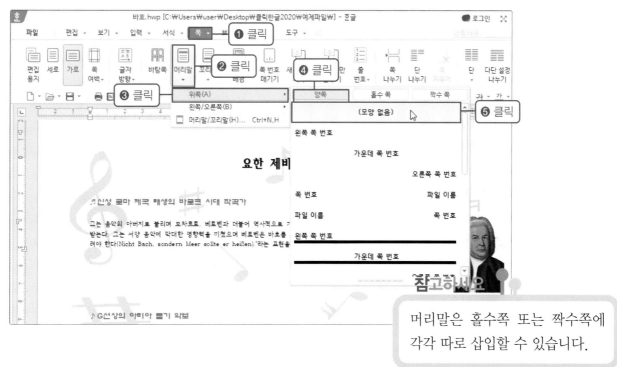

머리말은 홀수쪽 또는 짝수쪽에 각각 따로 삽입할 수 있습니다.

2 '머리말(양쪽)' 영역에서 ❶ "−바흐에 대하여−"를 입력합니다. 서식 도구 상자에서 ❷ 글꼴은 'MD아롱체', 글자 크기는 '11pt', '오른쪽 정렬'로 설정합니다.

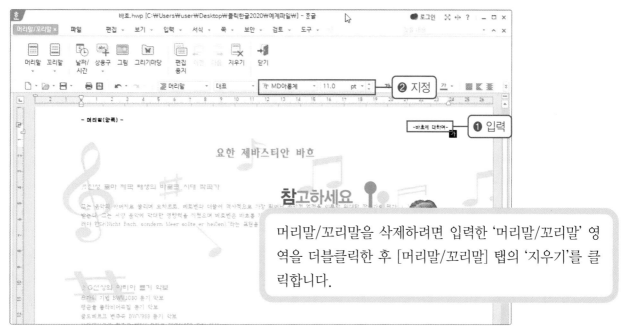

머리말/꼬리말을 삭제하려면 입력한 '머리말/꼬리말' 영역을 더블클릭한 후 [머리말/꼬리말] 탭의 '지우기'를 클릭합니다.

③ ❶ [머리말/꼬리말] 탭에서 ❷ '꼬리말'을 클릭하고 ❸ '양쪽'의 ❹ '(모양 없음)'을 선택합니다. '꼬리말' 영역으로 이동되면 ❺ "음악의 아버지"를 입력합니다. '머리말/꼬리말' 영역을 빠져나오기 위해 ❻ [닫기]를 클릭합니다.

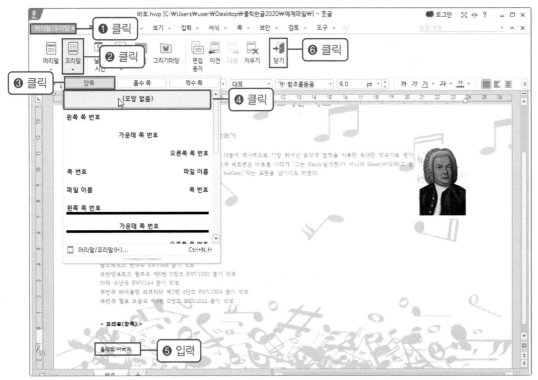

④ '머리말/꼬리말'을 수정하려면 '머리말/꼬리말' 영역을 더블클릭하여 꼬리말의 글자색을 수정하고 [닫기]를 클릭합니다.

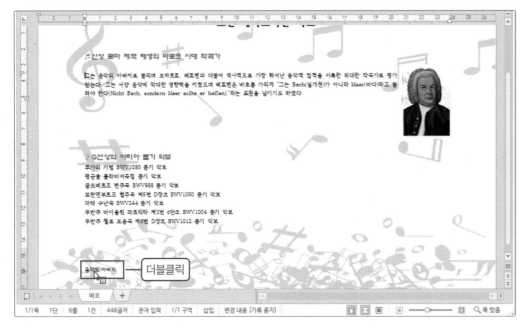

02 각주 삽입하기

1 단어의 설명이나 인용 구문을 넣기 위해 **❶** '평가받는다' 뒤에 커서를 위치시킨 후 **❷** [입력] 탭의 **❸** [각주]를 클릭합니다.

2 각주 영역에 **❶** 다음과 같이 입력합니다.

[조건]

2011년 뉴욕 타임스의 권위있는 수석 음악비평가 안소니 토마시니는 역사상 가장 위대한 작곡가 1위를 바흐라 말했다.

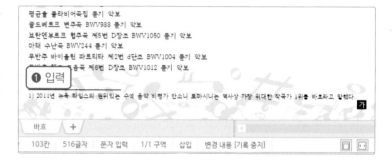

3 '각주' 영역이 선택된 상태에서 **❶** [주석] 탭의 **❷** '번호 모양'을 클릭하여 **❸** 'ⅰ, ⅱ, ⅲ'을 선택한 후 **❹** [닫기]를 클릭합니다.

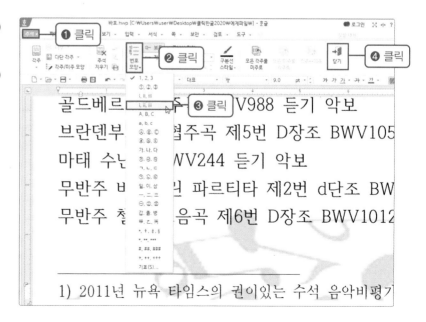

03 쪽 번호 넣기

1 쪽 번호를 넣기 위해 ❶ [쪽] 탭의 ❷ '쪽 번호 매기기'를 클릭합니다.

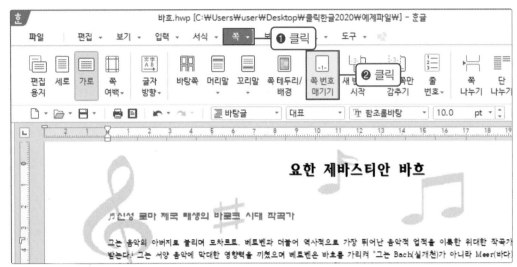

2 [쪽 번호 매기기] 대화상자에서 ❶ '쪽 번호' 위치와 ❷ '번호 모양'을 선택한 후 ❸ [넣기]를 클릭합니다.

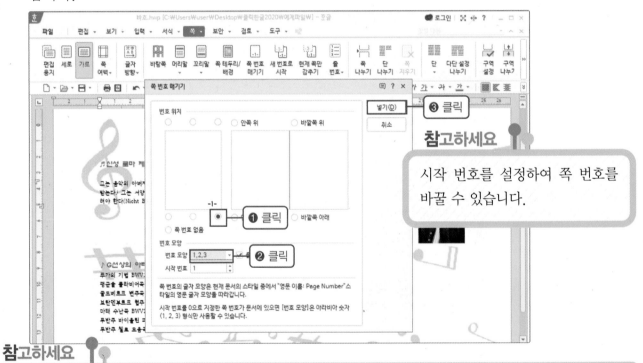

참고하세요

시작 번호를 설정하여 쪽 번호를 바꿀 수 있습니다.

참고하세요

쪽 번호를 삭제하려면 [쪽 번호 매기기] 대화상자에서 '쪽 번호 없음'을 클릭합니다.
또는 여러 번 쪽 번호를 삽입하여 수정이 안되면 [보기] 탭의 '조판 부호'를 클릭하여 조판부호로 표시된 '쪽 번호 위치'를 삭제합니다.

"혼자 풀어 보세요"

1 '동물등록제.hwp' 준비파일에서 조건에 맞게 문서를 작성하세요.

[조건] • 머리말 넣기(양쪽) : '동물등록제는 사랑의 끈입니다.', '양재깨비체B', '9pt'
       • 각주 넣기와 쪽 번호는 문서와 같이 내용을 추가하세요.

동물등록제는 사랑의 끈입니다.

반려동물등록제

🐾 동물등록제

동물보호법에 따라 동물 보호와 유실, 유기 방지를 위하여 반려동물 (개)에게 15자리의 고유번호를 부여하고 동물 및 소유자의 정보를 등록하여 반려동물을 분실 시 소유주에게 돌아갈 수 있도록 추진하는 제도이다.

🐾 동물등록제 안내

• 동물등록대상 : 가정에서 반려를 목적으로 기르는 2개월령 이상의 개
• 동물등록기한 : 등록대상동물을 소유한 날로부터 30일 이내에 등록

🐾 동물등록 방법

• 내장형 무선식별장치 개체 삽입
• 외장형 무선식별장치 부착
• 등록인식표 부착

🐾 동물등록 절차

STEP 1	STEP 2	STEP 3	STEP 4
반려동물 등록신청	마이크로칩 시술[1] 또는 전자태그 부착	동물등록신청서 제출	동물등록증 발급

---

[1] 동물등록에 사용되는 마이크로칩(RFID, 무선전자개체식별장치)은 체내 이물 반응이 없는 재질로 코딩된 쌀알만한 크기의 동물용의료기기로, 동물용의료기기 기준규격과 국제규격에 적합한 제품만 사용되고 있습니다.

- 1 -

20 책갈피와 하이퍼링크 삽입하기

문서의 양이 많은 경우 책갈피와 하이퍼링크를 이용하면 문서의 내부 또는 외부
의 특정한 위치로 연결하여 쉽게 이동할 수 있습니다.

➤➤ 책갈피를 설정하고 이동해 봅니다.

➤➤ 하이퍼링크를 설정해 봅니다.

배울 내용 미리보기 ➕

비타민에 대해

비타민은 주영양소(major nutrients)나 무기염류(minerals)는 아니지만 물질대사나 신체 기능을 조
절하는 데 필수적인 영양소이다. 다량이 필요하진 않고 소량으로 인체에 작용하지만, 체내에서 합성이 불
가능하거나 가능하더라도 필요량에 못 미치는 매우 미미한 수준이기 때문에 반드시 섭취를 통해 보충해
줘야 하는 영양소이다.

★☆비타민 A
비타민 A는 동물성 식품과 식물성 식품으로 섭취할 수 있다. 비타민 A는 지용성 비타민이므
로 지방이나 기름과 결합했을 때에만 체내로 흡수된다.
비타민 A가 부족하면 야맹증과 안구건조증(xerophthalmia), 각막연화증이 발생하며 눈에 이
상이 생겨 암 적응 능력이 저하된다. 한편 비타민 A 섭취가 지나칠 때는 두통, 피부 건조 및
가려움, 간장 비대 등이 나타난다.
비타민 A의 동물성 급원 식품은 동물 간, 생선 간유, 전지분유, 달걀 등이며, 베타카로틴은 녹
황색 채소(당근, 시금치 등)와 해조류(김, 미역 등)에 많이 들어 있다.

〈시금치〉

〈당근〉

▲ 파일명 : 비타민완성.hwp

01 책갈피 넣기와 이동하기

1 '비타민.hwp' 준비파일에서 첫 번째 '비타민 A'를 ❶ 블록으로 설정하고 ❷ [입력] 탭의 ❸ '책갈피'를 클릭합니다. ❹ [책갈피] 대화상자에서 '책갈피 이름'이 '비타민 A'로 입력되어 있으면 [넣기]를 클릭합니다.

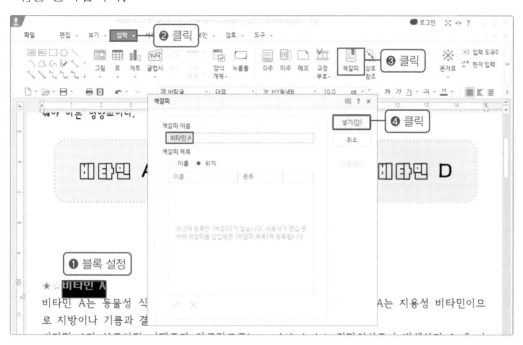

2 ❶ '비타민 C'를 블록으로 설정하고 ❷ [입력] 탭의 ❸ '책갈피'를 클릭합니다. ❹ [책갈피] 대화상자에서 '책갈피 이름'이 '비타민 C'로 입력되어 있으면 [넣기]를 클릭합니다.

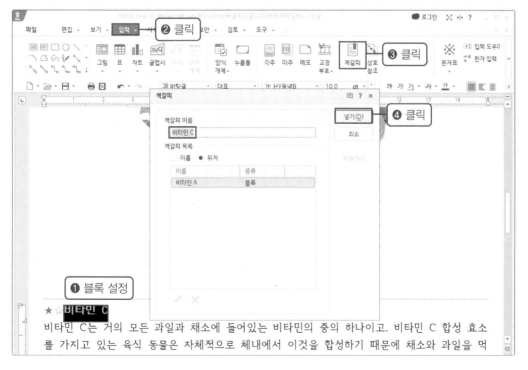

3 '비타민 D'도 같은 방법으로 책갈피를 넣습니다. 책갈피가 제대로 설정되었는지 확인하기 위해 ❶ [입력] 탭의 ❷ '책갈피'를 클릭합니다. ❸ [책갈피] 대화상자가 나타나면 '책갈피 목록'에서 '비타민 A'를 선택한 후 ❹ [이동]을 클릭합니다.

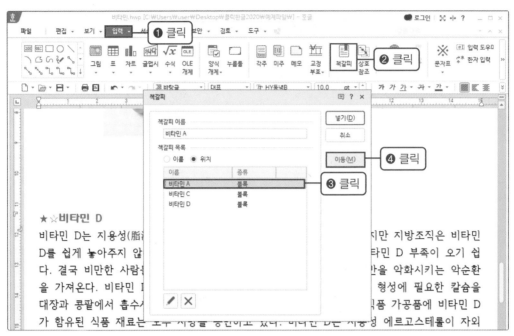

4 책갈피가 제대로 설정되면 '비타민 A'로 이동합니다.

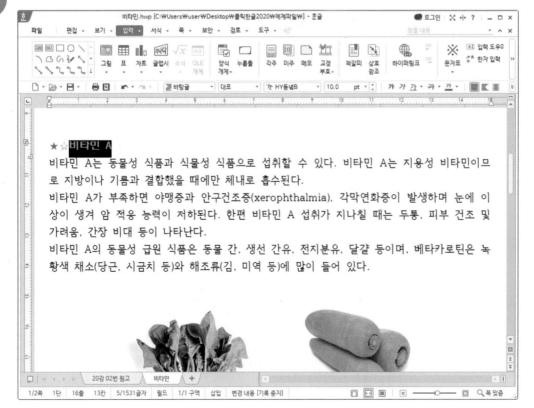

02 책갈피에 하이퍼링크 설정하기

1 하이퍼링크를 연결하기 위해 소제목 ❶ '비타민 C'를 블록으로 설정합니다.❷ [입력] 탭의 ❸ '하이퍼링크'를 클릭합니다.

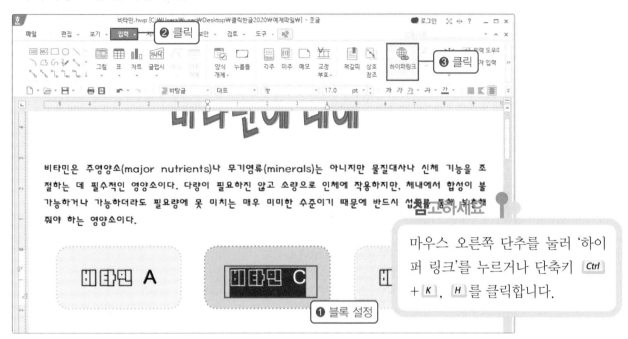

> 마우스 오른쪽 단추를 눌러 '하이 퍼 링크'를 누르거나 단축키 `Ctrl` + `K` , `H` 를 클릭합니다.

2 [하이퍼링크] 대화상자에서 '연결 대상'의 ❶ [한글 문서] 탭을 클릭하면 문서 창에 나타납니다. '현재 문서'의 ❷ '비타민 C'를 선택하고 ❸ [넣기]를 클릭합니다.

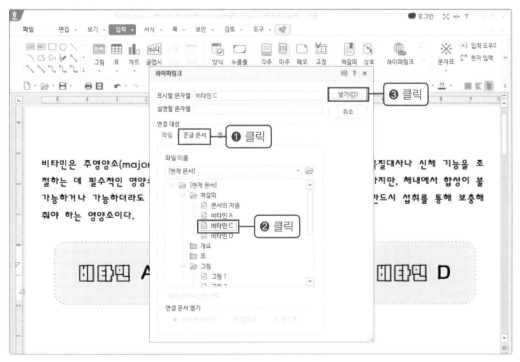

3 하이퍼링크가 연결되면 블록 지정한 텍스트가 파란색으로 바뀝니다. 바뀐 텍스트에 마우스 포인터를 위치시키면 손가락 모양으로 변경되며 클릭하면 책갈피로 설정한 '비타민 C'로 이동합니다.

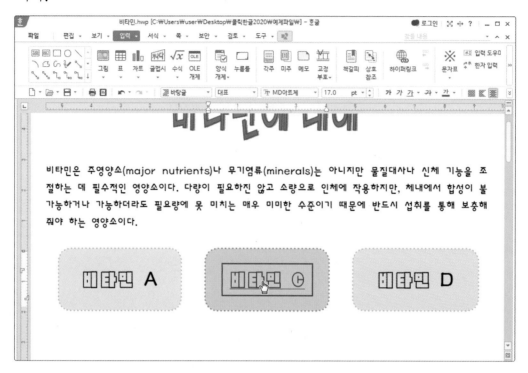

4 다른 소제목 ❶ '비타민 D'도 블록으로 설정하고 ❷ [입력] 탭의 ❸ '하이퍼링크'를 클릭합니다.

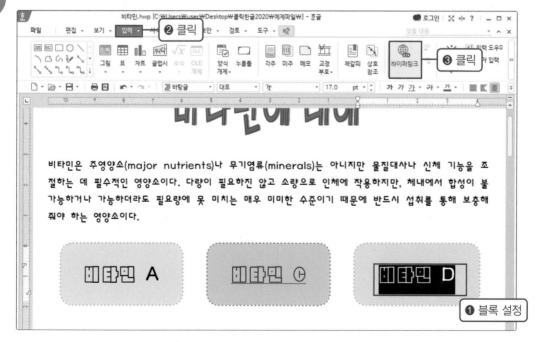

5 [하이퍼링크] 대화상자에서 '연결 대상'의 **❶** [한글 문서] 탭을 클릭하면 문서 창에 나타납니다. '현재 문서'의 **❷** '비타민 D'를 선택하고 **❸** [넣기]를 클릭합니다.

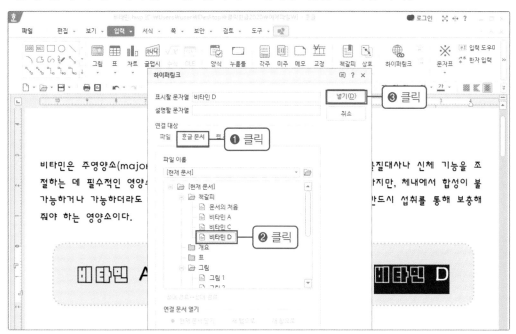

6 같은 방법으로 '비타민 A'도 하이퍼링크로 연결하여 완성합니다.

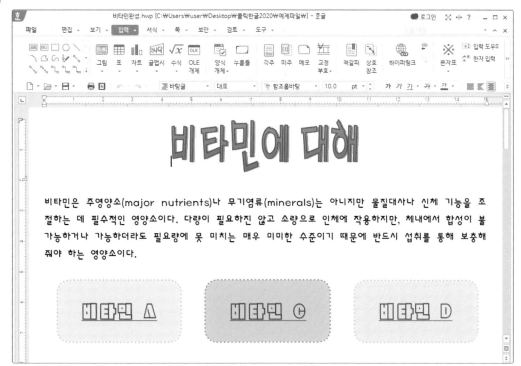

1

'우리나라해수욕장.hwp' 준비파일에서 다음과 같이 제목을 책갈피로 넣고 하이퍼 링크로 설정하세요.

우리나라 해수욕장

주문진해수욕장   꽃지 해수욕장   낙산 해수욕장

▨ 주문진 해수욕장

고운 모래의 백사장, 매년 오징어 축제가 열리는 주문진해수욕장입니다. 주문진 해변은 주문진읍 향호리에 위치하고 길이 700m, 면적 9,608㎡ 의 넓은 백사장과 수심이 얕고 바닷물이 맑아 가족 단위 피서지에 적합한 곳입니다. 하얀 모래밭이 흰 속살을 드러내고 파도가 연안에서 흰 거품을 드리우면 무더위를 잊게 합니다.

▨ 꽃지 해수욕장

넓은 백사장과 완만한 수심, 맑고 깨끗한 바닷물, 알맞은 수온과 울창한 소나무숲으로 이루어져 해마다 100만 명이 넘는 피서객들로 붐빕니다. 1989년에 해수욕장으로 개장하였으며 물이 빠지면 갯바위가 드러나 조개·고 등·게·말미잘 등을 잡을 수 있습니다. 오른편에는 전국에서 낙조로 가장 유명한 할미바위와 할아비바위가 있어 서 연중 사진작가들이 많이 찾아오고 있는 곳입니다.

▨ 낙산 해수욕장

매년 여름 전국 각지에서 200만 이상의 인파가 다녀가는 동해안을 대표하는 해변으로 1963년에 개장했습니다. 깨끗하고 넓은 백사장과 얕은 수심, 다양한 편의시설, 빽빽이 들어선 송림, 그리고 주위에 자리한 명찰과 고적지로 인하여 많은 관광객 및 피서객이 찾고있는 관광명소로도 유명합니다. 이곳은 울창한 소나무숲을 배경 으로 4km의 백사장이 펼쳐져 있고, 설악산에서 흘러내리는 남대천이 하구에 큰 호수를 이루고 있어 담수도 풍부합니다. 매년 새해에는 해맞이 축제가 열려 많은 사람들의 소원을 염원하는 명소가 되기도 합니다. 겨울에 는 이곳에서 해돋이를 보러 많은 사람이 방문하기도 합니다. 또한 천년고찰 낙산사가 인근에 있어 문화여행을 함께 즐길 수 있습니다.

"혼자 풀어 보세요"

2 '국립중앙박물관.hwp' 준비파일에서 다음과 같이 제목을 책갈피로 넣고 하이퍼링크로 설정하세요. '출처'는 웹 사이트로 링크를 설정하세요.

[조건] • 하이퍼링크 사이트 입력: 연결대상– 웹 주소

> 우리의 문화유산을 찾아서

한국의 문화유산을 보존 및 전시
교육을 목적으로 건립된 문화체육관광부 산하의
국립중앙박물관

전통건축의 현대적 재해석	배산임수
공원의 경관과 문화서설의 조화	미래 서울의 중심축

● 전통 건축의 현대적 재해석
한국의 전통적 건축정신은 자연과 인공과의 절묘한 조화에서 구할 수 있으며, 화려한 수식이나 섬세한 치장을 거부한 대범한 단순성에서 가장 큰 매력을 찾을 수 있다. 국립중앙박물관은 이러한 한국의 전통적 건축정신을 현대적으로 재해석하여 건축의 기본개념으로 설정하였다. 박물관의 건물계획은 산과 물, 곧 남산과 거울못 사이에 있는 안전하고 평온한 성곽이라는 개념에서 시작된다. 견고한 성곽은 외부와의 단설이라는 긴장감을 자아냄과 동시에 우리를 안전하고 평화롭게 보호한다는 안정감을 상징하고 있다. 또한, 박물관 자체가 두 벽을 세워 만든 공간으로 벽면을 지붕 높이까지 뻗어 오르게 함으로써 성벽의 견고성이 더욱 강조되었다. 이는 천장으로부터 자연채광이 각층 깊숙이 미칠 수 있게 하는 실리적인 기능을 고려한 것이다.

● 배산임수
우리나라의 산은 국토 어디에나 존재하며, 일상생활에서 떼어 놓을 수 없다. 산은 물과 어울릴 때에 음과 양으로서 조화와 균형을 이루게 되고, 우리의 삶은 물질적 풍요와 정서적 안정을 누릴 수 있게 된다. 또한 우리 선조들은 자연·인문 환경과 기후 등을 감안하여 북쪽으로는 산이, 남쪽으로는 물이 흐르는 남향받이와 배산임수의 건물 배치를 선호해 왔다. 박물관 마스터플랜에서 남산 기슭이라는 자연환경에 걸맞은 '거울못'이라는 거대한 호수를 중심부에 설정한 것은 한국인의 삶에서 산과 물이 어울릴 때 비로소 음과 양이 조화와 균형이 이루게 된다는 전통사상에 근거한 것이다. 또한 박물관의 배치는 대지 안쪽 깊숙한 곳에 남산을 북쪽으로 두고 남쪽으로 한강을 바라보는 전통방식의 남향받이와 배산임수 배치

● 공원의 경관과 문화시설의 조화
장대하게 하나로 보이는 건물 가운데에 우리건축의 고유 공간인 대청마루를 상징한 열린마당은 모든 사람에게 개방된 공간으로서 전시실이나 공연장 등 박물관 모든 시설 이용의 시작점이 되는 곳이다. 남산과 거울못 사이에 있는 안전하고 평온한 성곽이라는 개념에서 경관을 구성하며, 거울못, 미르폭포, 배롱나무못 등을 통하여 이웃한 용산가족공원 및 이후 용산공원과 자연스러운 연결을 이루고, 박물관 녹지공간 속에 야외석조물정원, 종각, 전통염료식물원 등을 조화롭게 배치하여 격조 높은 문화공간으로 조성하였다.

● 미래 서울의 중심축
국립중앙박물관은 미군기지 이전 후 서울의 중심축이 될 용산공원 조성에 대비하여 박물관 북측에 정면성을 부여하는 광장 및 진입공간을 배치하였으며, 용산공원 가장 남쪽에 위치하여 복합박물관단지(뮤지엄 컴플렉스)의 첫 출발지라는 상징적 의미를 지니고 있다.

▶ 공식 홈페이지 : https://www.museum.go.kr/

21 차례 만들기

차례는 제목, 표, 그림, 수식 등을 포함하여 목차로 만들 수 있으며, 쪽 번호가 바뀌면 차례 새로 고침으로 목차를 수정할 수 있습니다.

➤➤ 차례를 만들어 봅니다.

➤➤ 쪽 번호를 변경하여 차례를 수정해 봅니다.

배울 내용 미리보기 ➕

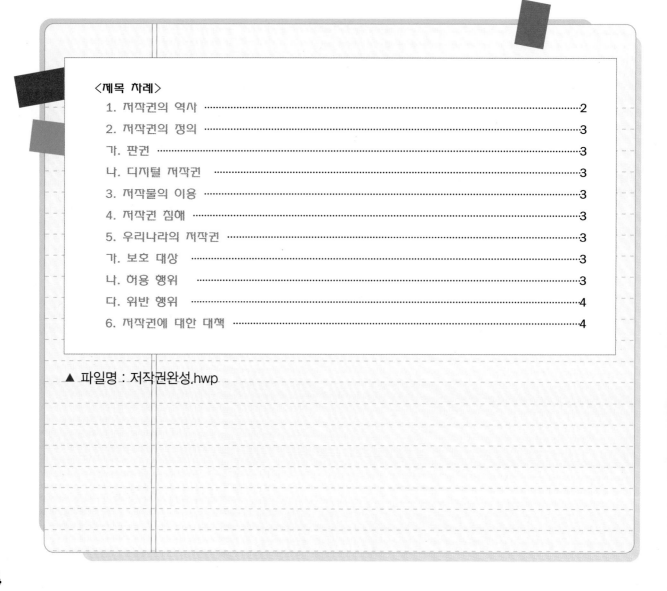

〈제목 차례〉

1. 저작권의 역사 ···2

2. 저작권의 정의 ···3

가. 판권 ···3

나. 디지털 저작권 ··3

3. 저작물의 이용 ··3

4. 저작권 침해 ···3

5. 우리나라의 저작권 ···3

가. 보호 대상 ···3

나. 허용 행위 ···3

다. 위반 행위 ···4

6. 저작권에 대한 대책 ···4

▲ 파일명 : 저작권완성.hwp

1 '저작권.hwp' 준비파일에서 ❶ 2쪽에서 차례를 만들 제목 '저작권의 역사' 앞을 클릭한 후 ❷ [도구] 탭의 ❸ '제목 차례'를 클릭한 후 ❹ '제목 차례 표시'를 선택합니다.

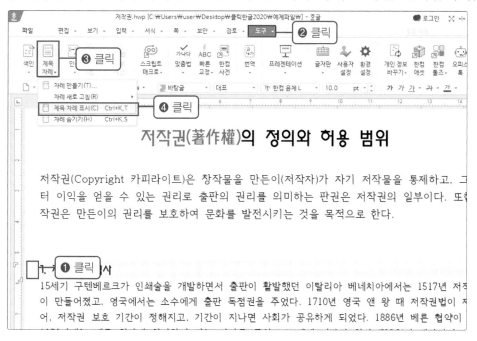

2 '차례 표시'가 제대로 되었는지 확인하려면 ❶ [보기] 탭의 ❷ '조판 부호'를 선택하면 차례 표시한 부분이 [제목 차례]로 표시됩니다. 다른 제목들도 모두 '제목 차례 표시'를 합니다. '제목 차례 표시'를 확인한 후 [보기] 탭의 '조판 부호'는 체크 해제합니다.

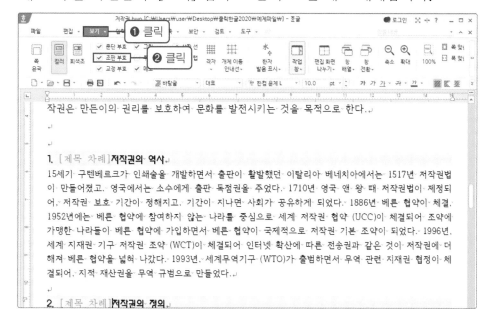

③ 목차를 만들 1쪽 상단에 커서를 위치시키고 ❶ [도구] 탭의 ❷ '제목 차례'에서 ❸ '차례 만들기'를 클릭합니다.

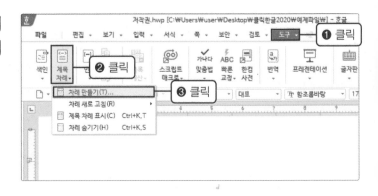

④ [차례 만들기] 대화상자가 나타나면 ❶ '차례 형식'은 '필드로 넣기', ❷ '만들 차례'는 '제목 차례'와 ❸ '차례 코드로 모으기'와 '표 차례'를 선택합니다. ❹ '탭 모양'은 '오른쪽 탭'과 '채울 모양'은 '점선'을 선택합니다. ❺ '만들 위치'는 '현재 문서의 커서 위치'를 선택한 후 ❻ [만들기]를 클릭합니다.

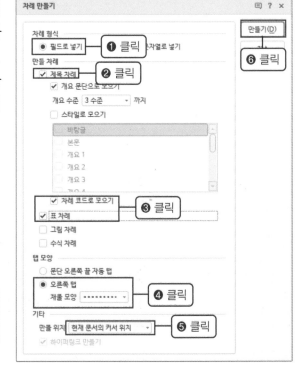

참고하세요

[표 차례]와 [그림 차례]는 표와 그림에 캡션을 넣었을 때 만들어 집니다.

⑤ 1쪽 상단에 '제목 차례'가 삽입되었습니다.

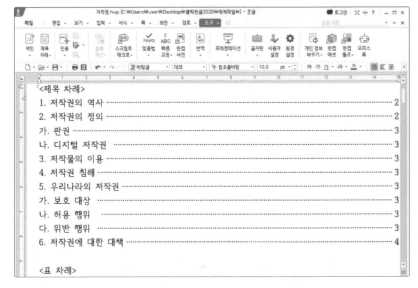

02 차례 새로 고치기

1 ❶ '1. 저작권의 역사' 위의 빈 곳을 클릭한 후 ❷ [쪽] 탭의 ❸ '쪽 나누기'를 클릭합니다.

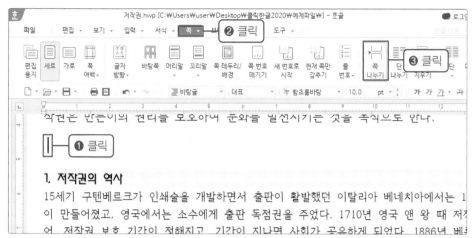

2 '1. 저작권의 역사'가 2쪽에서 3쪽으로 바뀌었습니다. 목차의 쪽 번호를 변경하기 위해 ❶ [도구] 탭의 ❷ '제목 차례'에서 ❸ '차례 새로 고침'의 ❹ '모든 차례 새로 고침'을 클릭합니다.

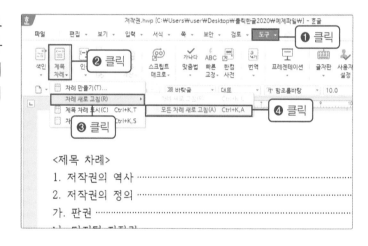

3 차례 표시의 쪽이 모두 변경되었습니다. 필요없는 그림 차례는 삭제하고 글꼴과 문단 모양을 임의로 설정하여 문서를 편집합니다.

참고하세요

글꼴과 문단 모양의 서식이 설정된 상태에서 '차례 새로 고침'을 하면 서식이 모두 지워집니다. 서식은 모든 문서가 완료되었을 때 마지막에 설정합니다.

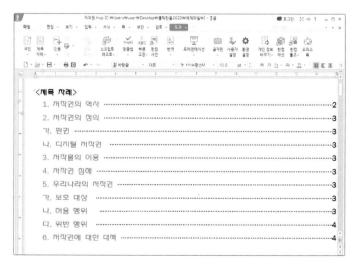

"혼자 풀어 보세요"

1 '한옥.hwp' 파일을 열고, 문서의 제목에 '제목 차례'를 표시하세요.

[제목 차례]**03. 자연**

한옥은 자연과의 조화를 모색하며 자연의 변화에 주목하여 이상적인 거주공간을 지으려는 한국인의 뜻이 담겨 있다. 바로 풍수지리이다. 풍수지리란 발 딛고 있는 땅을 근간으로 해서 자연적으로 흩어지고 모이는 물과 바람의 변화에 주목하여 물을 얻고 바람을 활용 할 수 있는 곳을 찾는 경험과 과학이며 지혜이다.

① [제목 차례]혈(穴) 지맥(地脈) 중 기(氣)와 정(精)이 가장 잘 모인 곳
② [그림]조산(祖山), 종산(宗山) 혈의 뒤로 멀리 떨어진 산들
③ [제목 차례]주산(主山) 혈 뒤의 높은 산
④ [제목 차례]안산(案山) 명당 앞에 가까이 있는 낮은 산
⑤ [제목 차례]조산(朝山) 안산 너머 멀리 있으면서 높고 큰 산
⑥ [제목 차례]명당(明堂) 혈의 바로 앞, 청룡, 백호가 감싸고 있는 곳
⑦ [제목 차례]좌청룡(左靑龍) 왼쪽의 산
⑧ [제목 차례]우백호(右白虎) 오른쪽의 산
⑨ [제목 차례]내좌청룡(內左靑龍) 왼쪽 산의 안에 자리잡은 산
⑩ [제목 차례]내우백호(內右白虎) 오른쪽 산의 안에 자리잡은 산
⑪ [제목 차례]내수구(內水口) 안쪽에서 물길이 합류하여 밖으로 나가는 지점
⑫ [제목 차례]외수구(外水口) 바깥쪽에서 물길이 합류하여 밖으로 나가는 지점

---

2 '제목 차례'를 '현재 문서의 구역'에 '제목 차례' 만들기 하세요. '제목 차례' 쪽은 쪽을 감추기 하세요.

<제목 차례>

01. 우주 ·· 2
02. 가풍 ·· 2
03. 자연 ·· 3
① 혈(穴) 지맥(地脈) 중 기(氣)와 정(精)이 가장 잘 모인 곳 ············· 3
③ 주산(主山) 혈 뒤의 높은 산 ······························· 3
④ 안산(案山) 명당 앞에 가까이 있는 낮은 산 ···················· 3
⑤ 조산(朝山) 안산 너머 멀리 있으면서 높고 큰 산 ················ 3
⑥ 명당(明堂) 혈의 바로 앞, 청룡, 백호가 감싸고 있는 곳 ··········· 3
⑦ 좌청룡(左靑龍) 왼쪽의 산 ································· 3
⑧ 우백호(右白虎) 오른쪽의 산 ······························ 3
⑨ 내좌청룡(內左靑龍) 왼쪽 산의 안에 자리잡은 산 ················ 3
⑩ 내우백호(內右白虎) 오른쪽 산의 안에 자리잡은 산 ·············· 3
⑪ 내수구(內水口) 안쪽에서 물길이 합류하여 밖으로 나가는 지점 ······ 3
⑫ 외수구(外水口) 바깥쪽에서 물길이 합류하여 밖으로 나가는 지점 ····· 3
04. 사람 ·· 3
05. 예절 ·· 3

힌트

첫 페이지 클릭 : [차례 만들기] – 만들 위치 : '현재 문서의 새 구역'

"혼자 풀어 보세요"

3　2번 문서에 이어 작성하세요. '02. 거품'을 다음 페이지로 강제로 나누기 한 후 '제목 차례'를 새로고침 하세요. 다음 문서처럼 꾸며 보세요.

<제목 차례>

01. 우주···2

02. 가풍···3

03. 자연···3

　　① 혈(穴) 지맥(地脈) 중 기(氣)와 정(精)이 가장 잘 모인 곳·····························3

　　③ 주산(主山) 혈 뒤의 높은 산···3

　　④ 안산(案山) 명당 앞에 가까이 있는 낮은 산···3

　　⑤ 조산(朝山) 안산 너머 멀리 있으면서 높고 큰 산···3

　　⑥ 명당(明堂) 혈의 바로 앞, 청룡, 백호가 감싸고 있는 곳···································3

　　⑦ 좌청룡(左靑龍) 왼쪽의 산···3

　　⑧ 우백호(右白虎) 오른쪽의 산···3

　　⑨ 내좌청룡(內左靑龍) 왼쪽 산의 안에 자리잡은 산···3

　　⑩ 내우백호(內右白虎) 오른쪽 산의 안에 자리잡은 산···3

　　⑪ 내수구(內水口) 안쪽에서 물길이 합류하여 밖으로 나가는 지점·······················3

　　⑫ 외수구(外水口) 바깥쪽에서 물길이 합류하여 밖으로 나가는 지점···················3

04. 사람···3

05. 예절···4

> **힌트**
> · 쪽 나누기 : `Ctrl` + `Enter`
> · [도구] – [제목 차례] – [차례 새로 고침]
> · [쪽] – [쪽 테두리/배경] – 적용쪽 : 첫 쪽만

22 메일 머지로 쿠폰 만들기

메일 머지는 하나의 서식에 여러 데이터를 연결하여 출력하는 기능으로 초대장과 주소록의 이름과 주소, 전화번호 등을 한번에 적용할 수 있습니다.

➡➡ 메일 머지의 필드를 입력해 봅니다.

➡➡ 메일 머지를 만들어 출력해 봅니다.

배울 내용 미리보기 ➕

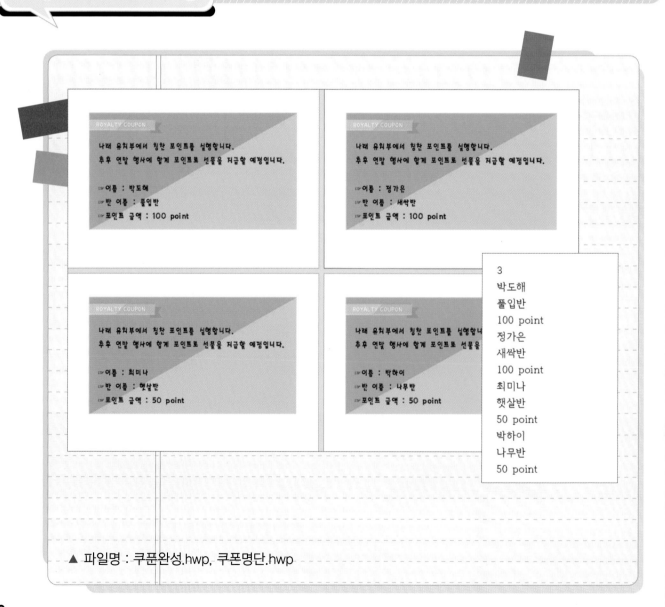

▲ 파일명 : 쿠폰완성.hwp, 쿠폰명단.hwp

01 메일 머지 표시 달기

① '쿠폰.hwp' 준비파일에서 다음과 같이 입력하고 서식 도구 상자에서 글꼴 서식을 지정합니다.

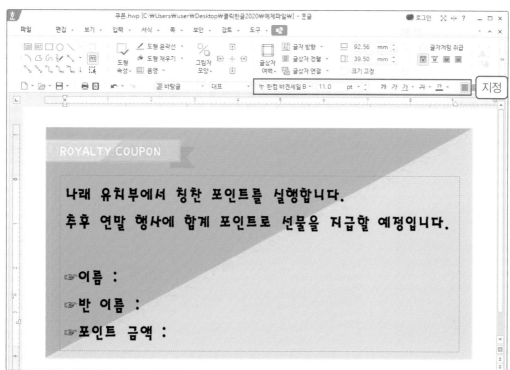

② ❶ '이름 :' 뒤에 마우스 커서를 위치시키고 ❷ [도구] 탭의 ▼를 클릭하여 ❸ '메일 머지'의 ❹ '메일 머지 표시 달기'를 클릭합니다.

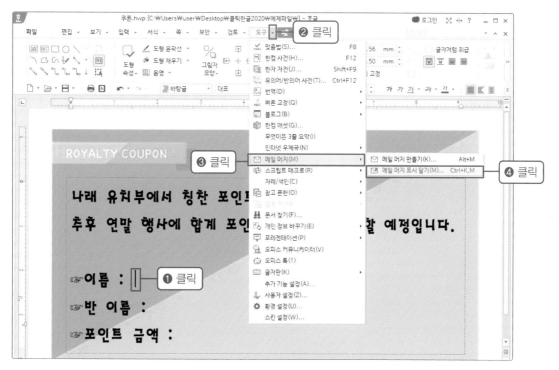

3 [메일 머지 표시 달기] 대화상자에서 ❶ [필드 만들기] 탭을 클릭하고 필드 번호에 ❷ "1"을 입력하고 ❸ [넣기]를 클릭합니다.

4 ❶ '반이름 :' 뒤에 커서를 위치시키고 ❷ [도구] 탭의 ▼를 클릭하여 ❸ '메일 머지'의 ❹ '메일 머지 표시 달기'를 클릭합니다.

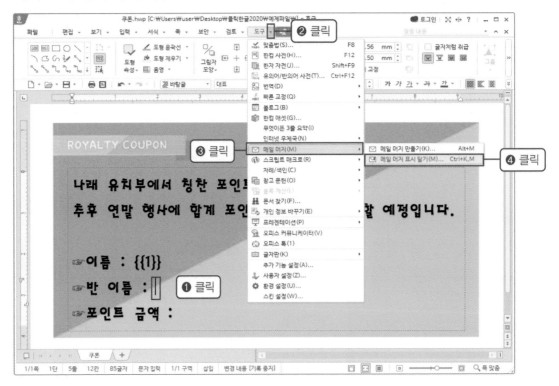

5 [메일 머지 표시 달기] 대화상자에서 ❶ [필드 만들기] 탭을 클릭하고 필드 번호에 ❷ "2"을 입력하고 [넣기]를 클릭합니다.

6 같은 방법으로 '포인트 금액'에도 필드 번호 "3"을 삽입합니다.

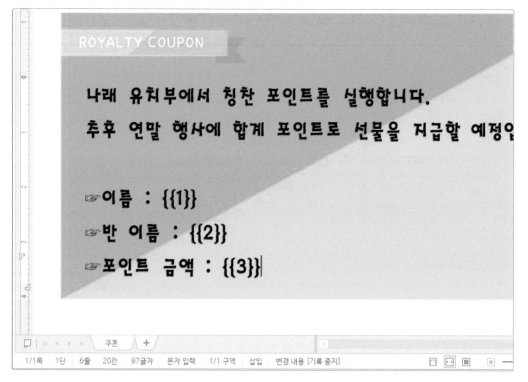

02 메일 머지 명단 만들기

1 한글 2020 '새 문서'를 불러옵니다. 첫 줄에 필드의 항목 수 "3"을 입력합니다. 두 번째 줄은 '이름' 항목으로 "박도해", 세 번째 줄은 '반' 항목으로 "풀잎반", 네 번째는 '포인트 금액' 항목으로 "100 point"를 입력하고 나머지는 다음과 같이 입력합니다.

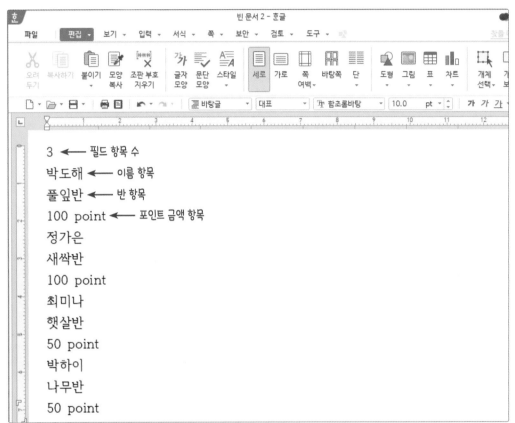

2 입력이 끝나면 [파일] 탭의 '다른 이름으로 저장'을 클릭하고 '쿠폰명단'으로 저장합니다.

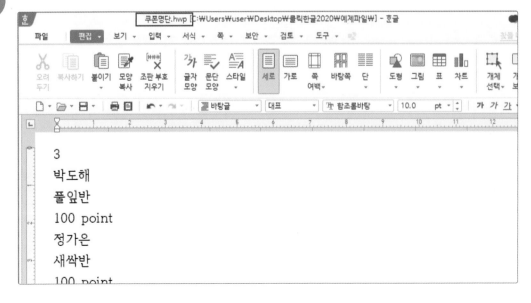

03 메일 머지 만들기

1 '쿠폰.hwp' 파일로 돌아와 ❶ [도구] 탭의 ▼를 클릭하여 ❷ '메일 머지'의 ❸ '메일 머지 만들기'를 클릭합니다.

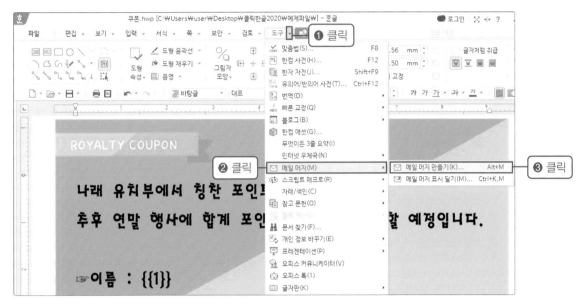

2 [메일 머지 만들기] 대화상자에서 자료 종류는 ❶ '흔글 파일'을 선택하고 ❷ '파일 선택'을 클릭하여 '쿠폰명단.hwp' 파일을 선택합니다. 출력 방향은 ❸ '화면'으로 선택하고 ❹ [만들기]를 클릭합니다.

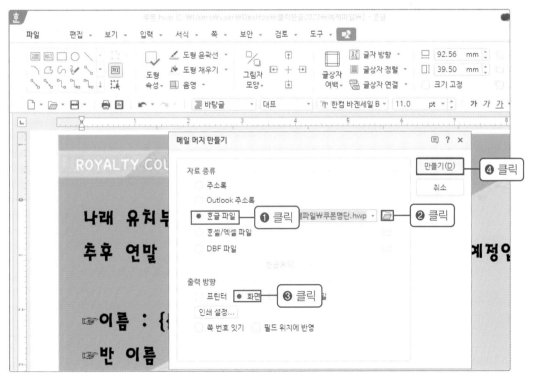

3 미리 보기 창에서 ❶ '쪽 보기'를 클릭하여 ❷ '여러 쪽'에서 마우스를 드래그하여 ❸ 2줄×2칸으로 영역 설정합니다.

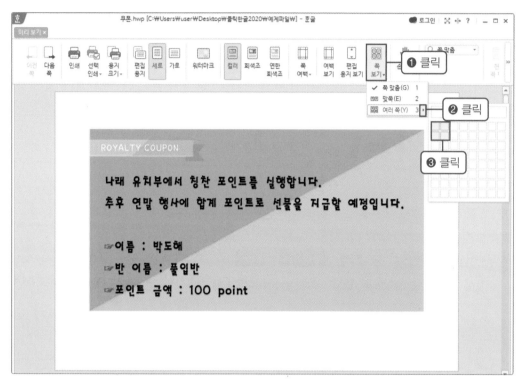

4 쿠폰이 완성되었습니다.

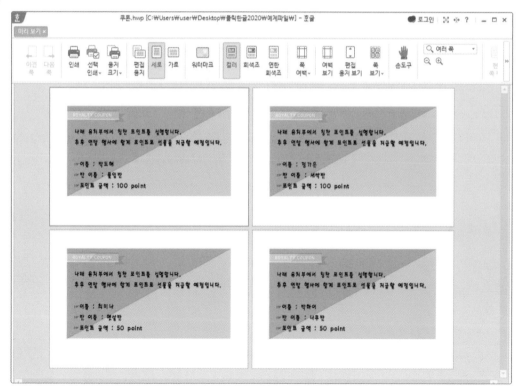

"혼자 풀어 보세요"

1 '계획안표지.hwp' 준비파일에서 '계획안명단.hwp' 파일을 메일 머지 기능을 이용하여 출력해 보세요.

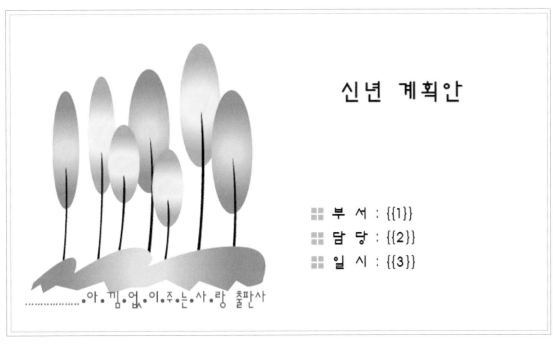

보안 문서 설정하기

23

인쇄나 복사 기능을 제한하여 읽기전용의 배포용 문서로 설정할 수 있으며 문서의 전화번호, 주민번호, 주소, 이메일 등의 개인정보를 특수 문자로 변경할 수 있습니다.

➤➤ 배포용 문서로 설정해 봅니다.

➤➤ 개인 정보를 보안 문서로 설정해 봅니다.

배울 내용 미리보기 ⊕

≪DO 디자인아트 담당자 메일 주소≫

	담당자 이름	직급	담당 부서	이메일
1	나기쁨	대리	영업	n*l@naver.com
2	박지현	사원	재무	j*********@hanmail.net
3	명서희	부장	디자인	6*********@naver.com
4	안정훈	과장	디자인	a*********@daum.net
5	이나리	사원	총무	n**************@naver.com

▲ 파일명 : 담당메일주소완성.hwp

01 배포용 문서 만들기

1. '조선산업현황.hwp' 준비파일에서 ❶ [보안] 탭의 ❷ '배포용 문서로 저장'을 클릭합니다. ❸ [배포용 문서로 저장] 대화상자에서 '쓰기 암호'와 '암호 확인'란에 암호 "12369"를 입력한 후 ❹ [저장]을 클릭합니다.

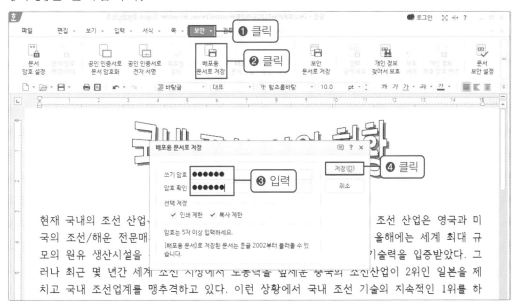

2. '배포용 문서'는 제목 표시줄을 보면 '[배포용 문서]'로 표시됩니다. 문서 내용을 드래그하면 드래그와 메뉴들이 비활성화됩니다.

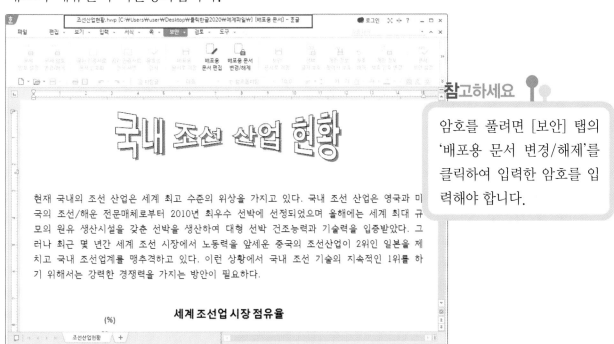

참고하세요

암호를 풀려면 [보안] 탭의 '배포용 문서 변경/해제'를 클릭하여 입력한 암호를 입력해야 합니다.

02 개인 정보 보호하기

1 메일주소의 정보를 감추기 위해 '담당메일주소.hwp' 준비파일에서 **①** [보안] 탭의 **②** '개인 정보 찾아서 보호'를 클릭합니다. [개인 정보 보호하기] 대화상자에서 **③** '전자 우편'을 선택하고 **④** '* 표시형식 선택'을 클릭합니다.

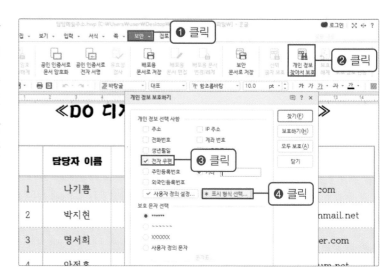

2 [표시 형식 선택] 대화상자가 나타나면 **①** '전자우편'을 선택하고 **②** 형식 목록에서 원하는 형식을 선택한 후 **③** [설정]을 클릭합니다.

3 [개인 정보 보호하기] 대화상자에서 **①** '모두 보호'를 클릭합니다. **②** [개인 정보 보호 암호 설정] 대화상자가 나타나면 '보호 암호 설정'과 '암호 확인'에 "961457"을 입력한 후 **③** [설정]을 클릭합니다. [개인 정보 보호하기] 대화상자의 [확인]과 [닫기]를 차례로 클릭합니다.

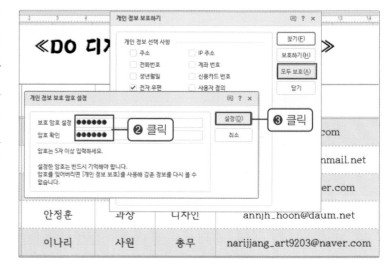

④ ❶ '전자우편' 위에 마우스 커서를 위치시키면 자물쇠 모양으로 표시됩니다. 보호된 문서를 저장하기 위해 서식 도구 상자의 ❷ '저장하기'를 클릭하고 ❸ '문서 닫기'를 클릭합니다.

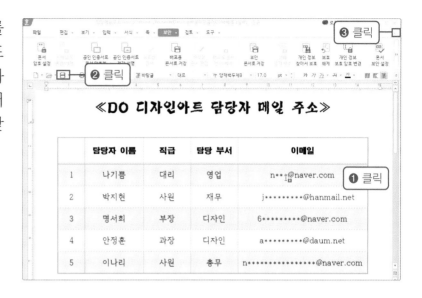

⑤ 개인 정보를 해제하기 위해 개인 정보 보호를 설정한 문서를 다시 불러와 ❶ [보안] 탭의 ❷ '보호 해제'를 클릭합니다. ❸ [개인 정보 보안] 대화상자에서 '현재 암호'에 "961457"을 입력한 후 ❹ [확인]을 클릭합니다.

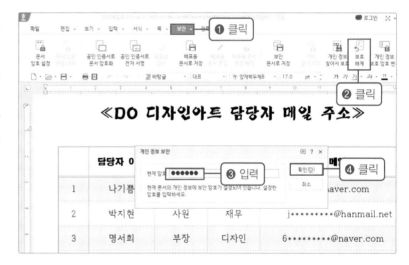

⑥ 보호되었던 전화번호가 다시 해제 되었습니다. 암호가 해제된 문서는 다시 저장합니다.

"혼자 풀어 보세요"

1 '고객등급명단.hwp' 파일에서 '연락처'와 '생년월일'의 가운데를 개인 정보 보호하세요. 암호는 '38426'로 설정한 후 '고객등급명단완성.hwp'로 저장하세요.

2 1번 문제에 이어 작성하세요. '고객등급명단-배포용문서.hwp' 문서로 저장한 후 암호는 '55147'의 [배포용 문서]로 만들어 보세요.

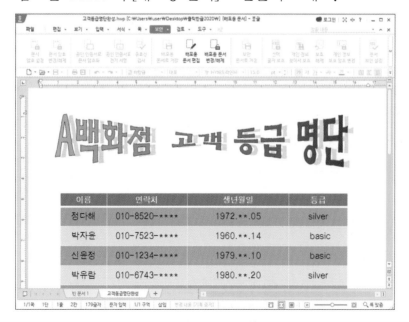